U0879300

ORIGINAL POINT PSYCHOLOGY | 源心理

彭凯平 — 著

我的心理学入门书

The Seeds of Happiness

幸福的种子

生活·讀書·新知 三联书店 生活書店出版有限公司

图书在版编目（CIP）数据

幸福的种子 / 彭凯平著 . — 北京 : 生活书店出版有限公司 , 2023.11
ISBN 978-7-80768-441-1

Ⅰ . ①幸… Ⅱ . ①彭… Ⅲ . ①心理学—通俗读物
Ⅳ . ① B84-49

中国国家版本馆 CIP 数据核字 (2023) 第 195202 号

责任编辑　廉　勇
特约编辑　田　旭
装帧设计　王建敏
责任印制　孙　明
出版发行　生活書店出版有限公司
（北京市东城区美术馆东街 22 号）
邮　　编　100010
经　　销　新华书店
印　　刷　文畅阁印刷有限公司
版　　次　2024 年 2 月北京第 1 版
2024 年 2 月北京第 1 次印刷
开　　本　880 毫米 ×1230 毫米　1/32　印张 9
字　　数　185 千字
定　　价　79.00 元
（印装查询：010-64004884；邮购查询：010-64052612）

发现自我是人类通向幸福的必经之路，而这条路走起来一点也不容易。它需要我们准确认识自我、认识世界，更重要的是，还要通过不断的练习，塑造积极乐观的人生态度，在自己的心中播下幸福的种子，也给周围的世界播下积极的种子。在压力越来越大的现代社会，彭教授这本书的出版恰逢其时，适合每位爱好心理学或正处于迷惘中的人阅读。

——淘天集团首席执行官　戴珊

此书的精彩之处不在华丽的词句，而在富有逻辑的理论。作者以智慧的语言表述了“自我”的概念，突出了自我认知在实现个人幸福和社会和谐中的重要性，并揭示了其在不同文化背景下的多样性。书中对古希腊和东方哲学思想的比较发人深思，是对古老智慧的致敬，也是对当代生活的启迪。

认识自我，提升自我，是人类进步的内在驱动力。我特别赞赏作者将哲学理念与现代心理学、生活实践相结合的理论阐述，相信此作对于所有寻求生命深意和社会和谐的读者来说都是一份珍贵的礼物。强烈推荐给每一位渴望深刻洞察人生的读者。

——民政部原副部长　顾朝曦

东方文化有“心田即福田”的说法，同时又告诉我们“心有福田须自耕”，就是说你得在自己的心田勤勤恳恳播撒善良的种子，心田才会开出幸福的花朵，也才会成为累积生命“福报”的“福田”。彭凯平教授作为中国积极心理学发起人，尽心竭力推动中国人的心理学启蒙，千方百计帮助每个人找到“幸福的方法”，活出“心花怒放”“福流澎湃”的人生。拥有了这本书，我们就可以把彭教授的智慧带回家，带在身边，随时随地种好自己的“福田”，逐渐成为在任何情况下都能够让自己幸福自在的人生赢家。

——正和岛创始人兼首席架构师　刘东华

在焦虑弥漫的时代，本书为我们提供了增强幸福感的现实方法论。幸福不是奢侈品，而是自我觉知与自爱的果实。通过智慧、勇气与韧性，我们可以找到生命的意义，实现自我价值，与他人建立良好的关系，收获幸福。书中生动的案例和深入的分析，可以帮助我们了解幸福的本质，并在生活中实践。我强烈推荐这本书给所有追求人生意义的人。

——联想集团高级副总裁　乔健

幸福是发自心底的感受，幸福的种子在心灵中孕育。如何播下幸福的种子，要从心理学知识中寻找秘诀。彭凯平教授从幸福的视角来阐述心理学知识，让福流伴随着知识润入读者的心田。愿读者从书中获取知识，提升自我，将人生升华至幸福的境界。

——中国心理学会积极心理学专业委员会主任、北京师范大学心理学部教授　许燕

作为一名作曲家，我深感音乐与哲学在探索“自我”上的共鸣。本书将赫拉克利特和克拉底鲁的思想与东西方文化差异相结合，让我联想到音乐在表达情感和体验中的力量。无论从哪种文化角度来看，发现自我都是人类向往幸福的终极目标。书中关于“自我”的多维视角，如同音乐中个性化的抒发与表达。作为积极心理学的中国发起人，彭凯平教授在本书中告诉我们，人们在认识自我的基础之上，采取更加积极的态度，就能在不同的生命领域中创建真实的成功与幸福！

——中国音乐家协会副主席　张千一

我在农村长大，也种过庄稼，深知种子对收成的重要意义。积极心理学如同种子，而且是一颗幸福的种子，只要我们努力地去获取、研究并很好地实践运用，它就一定会在你的心田里生根发芽，开花结果。

我跟彭凯平老师学习积极心理学快十年了，感觉真好。我们在人生之路上行走，每当遇到困难不知所措时，积极心理学就会给你助力，给你支招，并带你走出困境，走向远方；每当你与他人发生矛盾、产生冲突时，积极心理学会教你如何正确认识自己，并以同理心去理解别人，做到包容尊重，与人为善，化干戈为玉帛；每当你的人生受到

挫折甚至伤害时，积极心理学会给你沐心，帮你疗愈，使你保持乐观心态，让你在危机中看到希望，在迷途中找到方向，在疲惫不堪时获得能量。总之，学习运用积极心理学，总能让你保持积极阳光、奋发向上的精神状态，总会让你有一种被幸福召唤的感觉。这种感觉真的很好！

——沐心学堂荣誉顾问　周卫平

Foreword 推荐序

是的，你可以活得心花怒放

彭凯平老师一直致力于推广积极心理学，他曾写过一本书，名字叫《活出心花怒放的人生》。我问彭老师："一个人是否有必要活得心花怒放，是否真的能够活得心花怒放？"彭老师很认真地回答说："是的！人可以活得心花怒放！"读了彭老师的书之后，我认识到这其实是一个选择。你是否愿意了解自己，包括了解自己的大脑，也包括了解自己的欲望和烦恼？当你知道了烦恼产生的机制，你才可以对症下药地改善自己的认知。认知的改变会带来大脑的改善，当你的脑回路更熟悉幸福而不是不幸时，你的情绪和行为都会越来越柔和、淡定。

每次见到彭老师，他都是不疾不徐的样子。尽管他做院长、做教授、写书、参加社会活动，有很多工作需要应对，但我从未见过他急躁、焦虑、发脾气。甚至在三年疫情期间，他都力所能及地在家中做直播，为大家鼓劲打气。古时候禅师会问："主人翁何在？"从心理学的浅层次讲，这可能是问你："谁在掌控局面？你还是你的情绪？"彭老师就是那个可以一直掌控自己局面的人。但大多数人不是，他们的心情会随着外在的各种事物起起伏伏。当激烈的情绪来临时，甚至他们可以变成自己都不认识的人。从实修的角度看，彭老师的积极心理学是真的管用的学问。

可惜很多人对读书学习没有信心。我在直播的时候劝大家要了解脑科学，要保护孩子的头脑，而不是只管理孩子的行为。有人留言说："头脑里又看不见，怎么管？"甚至还有人说："别说那么多，我们只是普通老百姓！"我有点无奈，也有点心酸。似乎"普通老百姓"就不应该学哪怕稍微有点复杂的东西。那么怎么改变我们的现状？怎么能让我们变得不普通？当时我就想，也许应该找一本更简单一点、更入门级的，但是内容一定要正、学术上立得住的书。可见，积极心理学让我和彭老师想到一起去了！这本《幸福的种子》正是我要找的书。它定位于"我的心理学入门书"。师父领进门，修行在个人。领你进门的师父很重要！当你通过这本书了解了大脑、行为、关系、情绪、感官、意识这些基本而重要的心理学概念，我相信你会像我一样，越来越喜欢通过心理学来认识自己和他人，过上越来越美好的生活。美好的生活并不来自物质层面的奖励，而是来自你看待世界的全新方式。

帆书 APP 创始人、首席内容官

樊　登

2023 年 12 月

了解自我才是真正地播下幸福的种子

古希腊著名哲学家赫拉克利特（Heraclitus，约前 544—前 483）说过一句经典的名言“人不能两次踏进同一条河流”，以此来表达他对世界一切皆变的哲学思考。赫拉克利特有一个学生，也是一位哲学家，名叫克拉底鲁（Cratylus）。克拉底鲁歪曲了赫拉克利特一切皆变的思想，竟然提出“人一次也不能踏进同一条河流”。

后世对克拉底鲁的评价不高，把他归于诡辩派。虽然据说他是柏拉图的第一位老师，但是似乎柏拉图更尊重另一位老师苏格拉底。

克拉底鲁与苏格拉底几乎是同时代的人，但是没有苏格拉底出名。主要原因是，克拉底鲁全面否认事物的相对稳定性，坚定地认为一切事物都变化无常，人们对任何事物都不能做出肯定或否定的回答，因而也就无真理可言。而且克拉底鲁认为语言根本无法描绘世界，因为语言一经说出，事物已面目全非。这相当于从人的语言角度彻底否认了人们认识事物的能力与可能性。如果按照这个理论，以雄辩著称的哲学家苏格拉底就是一个笑话。

然而，在与克拉底鲁大致同时代的古老东方，也有一位认为世间无常、人生无我的思想家，却比克拉底鲁的命运好得多。这位思想家就是释迦牟尼，他创立了佛教。佛教的三法印是“诸行无常、诸法无我、涅槃寂静”。和克拉底鲁的“人一次也不能踏进同一条河流”是如此相似！无常无我观在古希腊被定义成伪辩论而被人所蔑视，而在东方却风行一时。

对此，我们便很好奇。为什么差不多的思想在东西方却有着如此天差地别的命运？其实，其核心来自对“自我”的期待。

自我是一个古老的热门话题。无论在哲学、文学、艺术还是心理学中，自我都是最根本的一个问题。这个问题的本质是追问“人是什么”。

古代的思想家还没能掌握通过人的意识活动分析心理过程的科学方法，所以就算是如柏拉图那样伟大的哲学家也无法绕过“灵魂”的诱惑。在古希腊人看来，一个具有“自我”的人，除了具备有形的身体、情绪与道德，当然也必须具备确定的灵魂。而一旦像克拉底鲁那样否定“自我”，人就相当于没有灵魂的躯壳，并且躯壳还是无意义的！这还得了！

哲学最大的愿望就是试图解释这个世界的基本构成要素与运行规律、人作为一种存在与世界的关系、生命的意义这几个关键问题。如果这个世界和人都是“无”，那我们还有什么理由认为我们是所谓人，甚至还有什么理由生存在这个虚无的世界中呢？所以，古希腊的克拉底鲁注定很悲催。

但是在东方，一个“无常无我”的世界观却被人们坦然接受了！这是因为从根本上来说，东西方对由时间与空间所构成的世界有着截然不同的看法，因此对“有”与“无”的感受也非常不同。

简单来说，西方思维下的时间观念是一条直线，无始无终，所有事件都发生在这条线上的空间内。所以，“人不能两次踏进同一条河流”。“人一次也不能踏进同一条河流”的观念否定了时间这条线，就不可能再有空间，也就不可能再有人类生活。可是人们的确能够意识到自己的生活，因此，这种“无我”观念是绝对不可接受的。在这里，“有”代表着真实的存在，“无”则代表着彻底的消亡。

在东方，时间观念并不是一条直线。

在古印度，时间是一个圆，无始无终，周而复始。所有事件都在圆上发生。不管这个圆本身如何，存在就是存在，无非是以这种形式存在或者以那种形式存在，决定存在的不是时间与空间，而是超越时空的业力。这样，人们只享受当下就好。

在古代中国，时间观念也不是一条直线，而是许多平行线。现实生活只是时间与空间的一种表现方式，我们有着更为辽阔的“天地人佛鬼畜”的大千世界与充溢在天地万物之中的“浩然之气”。所以，有与无并不绝对，也是可以互相转换的，对此根本不需要纠结什么。

东西方从根本上对世界与人生的观念的不同，最终决定了我们对待“自我”的态度取向，也形成了三种关于“自我”认识的观念。

科学心理学起源于西方，是目前来看解释“自我”相对最精确的学科。综观自我概念的心理学研究，个体既可以以主体我（即英语中的 I）的身份去认识和改造客观事物，此时的我处于观察地位，又可以以客体我（即英语中的 me）的身份被认识、被改造，此时的我处于被观察地位。所以，每个人都是主体我（主我）和客体我（客我）

的统一体（自我）。这种自我观，是在整体中泾渭分明的独立细分的观念。与之相关的人格、个性、情绪、认知、意识，都需要有明确的定义。这就像一把直尺，刻度分明，我称之为“直尺的自我”。

对印度文化中的自我，我称之为“混沌的自我”模式。因为在古印度的思想里，无论是婆罗门教传统思想还是沙门思潮，其核心并不是确定自我是什么，而是要将世界的本质与自我的本质一致化，也就是所谓“梵我同一”。在这种观念下，时间与空间都不具备特殊的意义，它们只是构成绝对实在的条件——自我就是整个世界。

在中国传统文化中，自我是存在于关系中的不断变换的存在。《易经》是体现这种观念的巅峰之作。在中国人的思维中，存在着不同情境中的真实的社会自我，也存在着超然而富有灵性的超道德自我，这两个自我从来不发生冲突。人在经历现实种种时会展现出变通，也同时享受着自我遨游在超然境界中的绝对。我将这种自我观念称为“关系的自我”。

不过，无论是“直尺的自我”“混沌的自我”还是“关系的自我”，虽然不同文化的心理特征与思辨传统不同，但如果我们查阅东西方古圣先贤的遗作就会发现，“自我”的最终目的都是去靠近那个永恒的真善美，而“自我”的价值就在于实现生命最大的幸福。古代印度人将这种幸福定义为解脱，古代希腊人将这种幸福定义为真理，古代中国人将这种幸福定义为“内圣外王，天人合一”。

因此，无论从哪种文化角度来看，发现自我都是人类向往幸福的终极追求。

今天，我们早已摆脱了蒙昧，科学的巨大进步给了我们更多机会去深入地了解我们的大脑、意识与基因。关注生命发展的学科与研究层出不穷，对生命的内涵也进行了学术上的探讨。心理学上“生命领域”理论的崛起证明了我们在这个方面又向前迈出了重要的一步。

生命领域理论认为，自我是个体在生命领域中的展示与反思，是在生命场景中的认知与行动的同一性意识。心理、休闲、工作、家庭、生活水平、健康、性生活、友谊、生产力、物质福祉、亲密关系、安全、情感福祉、社区等都是“生命领域”中的重要元素。其中心理、家庭、工作、健康和社区被大多数学者认为是最主要的生命领域。

目前，新一代积极心理学工作者开始将目光从积极天性、真实的幸福向生命领域延伸。他们的工作是帮助人们在认识自我的基础上，运用更加积极的态度在不同的生命领域中创建真实的幸福与成功，并在不同的生命领域中找到平衡。

1. 积极的心态使人生得以树立明确而正向的精神追求，它决定一个人如何思考、感受和行动，以使他们获得内在的满足。积极的心态基于自我发展的原则，专注于为自我创造美好的生活。如果人的行为不符合他们的精神追求，就会导致其生命领域的失衡。

2. 家庭是每一个人至关重要的生命领域。家庭不一定完全依赖于血缘关系。更重要的是，它是与对你有意义、有亲密关系的人有关的共同体，是责任自我展现最集中的场所。现代人要更加重视家庭生活与家庭经营，这是积极而幸福的自我的根本需求。

3. 在现代社会中，工作在大多数成年人的生活中发挥着重要作用。工作是生计的必要，具有经济满足和工具满足两种作用。工作也是人们学习、发展和实现目标的最好的社会生活方式，并且具备社会心理方面的促进作用，赋予人们生活的意义并满足他们成为社会一分子的内在需要。重要的是，人们通过工作能够享受到家庭之外的尊重与成就，拥有更多的社会关系。善待工作是现代人重要的责任与选择。

4. 健康包括我们的身体健康、心理健康与社会适应良好。健康状况不佳会影响生活品质、工作质量、家庭成员关系以及社区互动的能力。采取健康的生活方式并促进健康生活至关重要。人们了解如何锻炼、健康饮食、放松和建立精神联系有助于促进社会整体变得更加健康与富有活力。

5. 社区是家庭与工作以外的关系中至关重要的部分，包括人们与朋友、与邻里之间的关系和互动，也包括人们为自己的兴趣爱好等所结成的团体。社区让人们相互团结，在社区中构建家庭般温暖的氛围。最关键的是，社区带给人们成就感和满足感，特别是当个人在社区中帮助到需要帮助的人的时候。

这样的生活是充实而富足的，这样的生命是幸福而丰盛的。

认识自我，投入生活，是真正幸福的开始。了解自我才是真正地播下幸福的种子！

清华大学社会科学学院院长

彭凯平

2023 年 11 月

Contents 目录

第三部分　幸福的阶梯——探索世界

第四部分　越积极，越幸福

第一部分

幸福的起点
——懂一点心理学

第一章
“什么是心理学”与“心理学是什么”

未经审视的生活是不值得度过的。

——苏格拉底

关于心理学的一个基本思考

何谓心理学？这是当下很多想了解心理学、想学习心理学的心理学爱好者的困惑。他们的困惑可能主要来自两个方面：第一个方面是关于“心理学究竟是什么”的问题；第二个方面是关于在“心理学”与“学心理”之间如何把握，相当于“心理学有什么用”的问题。

当然，并不是每个人都有机会在完全弄清楚“心理学究竟是什么”与“心理学有什么用”之后，才开始学习与运用心理学。事实上，大多数人在此之前就开始试图运用心理学了。

我们会看到，有的人把心理学理解为“读心术”，认为学习了心理学就能彻底掌握别人的想法，甚至能控制别人的思想与行为。有的人则认为心理学是星座占卜、能量密码、塔罗测算等充满神秘主义活动的思想，掌握心理学就能够改变自己的命运。有的人则把心理学与性格解析、情绪控制、智力发展、学习动力、亲密关系、子女教育等联系到一起。他们相信心理学是“万能膏药”，经由心理学就能帮到自己心想事成，轻易找到解决一切问题的方法。当然，还有人把心理学当成生活中的一种实用工具，如掌握心理学就能让他们找到称心如意的伴侣，解密股票市场的变化规律，让自己更容易得到领导的赏识，从而在人际关系中如鱼得水等等。

这些看法到底是对还是错呢?

其实，要想判断上述说法的对错，我们需要做更基础的工作，那就是要学会准确地定义与理解什么是心理学。而要准确地定义与理解心理学，我们就要进一步学会分辨“什么是心理学”与“心理学是什么”的区别。区别这两个问题，有助于我们明确“心理学究竟是什么”与“心理学有什么用”，从而对上面这些情况做出对与错的判断。

我们需要意识到，“什么是心理学”与“心理学是什么”是两个不同范畴的概念。从哲学意义上讲，“什么是心理学”指的是作为“心理学”这个概念本来应该是什么样子，而“心理学是什么”则指“心理学”这个概念在历史的长河中，所形成的诸多关于“心理学”的不同阐释所构成的认知总和。“什么是心理学”是关于“心理学”本质的追问，而“心理学是什么”则指向人们对于“心理学”的认知史或观念史。

因此，当我们想到“什么是心理学”的时候，要知道自己真实的目的是想知道“心理学本来的样子”还是“关于心理学的认知史”。

通常状况下，当我们问“心理学是什么”的时候，其实是追问“什么是心理学”，只是用错了提问的方式。

如果按照“心理学是什么”来回答，那就必须回答尽可能多的关于对心理学的不同理解与定义，形成一个“心理学的池塘”。这个池塘里的每一条鱼都相当于一个心理学的解释、一个心理学流派或者心理学的一个故事、一个实验。但其实，我们如此提问的初衷，可能仅仅是想去确定或者去品尝其中的一条鱼罢了。

什么是心理学

正如一千个人心目中有一千个哈姆雷特，不同的人对“心理学是什么”也会有诸多不同的理解。专业人士与非专业人士的理解是不一样的。心理学的初学者与心理学专业的人士的理解会不同，不同专业领域方向的心理学家对心理学的看法也会有所不同。实用主义者与科学主义者会把心理学区别成用于解决具体问题的工具与触摸人类生命本质的探索。文学家、艺术家与哲学家在谈到心理学时也会有不同的看法与观念。总之，当我们追问“心理学是什么”时，我们得到的回答实际上会指向心理学史，那也是所有“什么是心理学”的回答的总和。

其实要准确回答“什么是心理学”，我们必须基于前人探索的诸多“心理学是什么”的经验与知识，从而强化自己对心理学的理解，得到自己关于心理学的某种特定的认知与解释。所以，我定义的心理学很可能与你所定义的不一样。这很正常，因为我们都在试着用自己的知识、经验与认知对“心理学”这个概念（或者这个学科）进行界定。我们有自己的自由意志，也有自己对世界的理解习惯。但不管怎么说，知道“心理学是什么”与“什么是心理学”之间这个差别，对我们正确理解心理学是很有必要的，也是十分有益的。

这个益处体现为，我们能够比较清楚地界定理解心理学有两个基本的方向与任务：

一个是通往其观念“本来的样子”的理解与诠释，另一个是通往关于这个概念的“历史”方向。对于一个热爱心理学的人来说，了解心理学的发展史与研究某一本特定领域的心理学专著一样重要。两者都不可或缺。了解心理学的发展史有助于我们从一个更广阔的视角，来了解更加全面的心理学知识与心理学发展历程。从一个个典故与实验中我们可以寻找心理学的任务、使命与价值观，而对某一具体领域的钻研则有助于我们更加深刻地理解某一项心理学的任务与使命，理解沉浸在这一领域的所有心理学工作者之所以愿意为之付出毕生精力的深层动因。

不过，话说回来，无论是系统地学习心理学史还是某个具体领域的心理学知识，都是需要付出大量时间与精力的。对于大众来说，有一个更为简单的方法，就是当我们还弄不清楚它是什么的时候，可以先了解一下它不是什么。很多心理学家同意非专业人士采用这种并不精确但简单有效的方式——通过对比科学的心理学和伪科学的心理学之间的差异，来了解心理学到底是一门怎样的学科。

心理学不是什么

首先，心理学不是看相。

很多没学过心理学的人，第一次见到心理学家总爱问一个问题：“猜猜我在想什么？”我经常回答：“我不知道你在想什么，但我知道75%没有学过心理学的人，在见到心理学家后问的第一个问题就是这个。”

这是什么意思呢？它是指心理学的目标并不是研究个案。研究个案只是心理学专业人士在具体的研究中的一个组成部分。换句话说，心理学的任务并不是去研究某个人的心理，而是研究大众心理以及普遍规律，遵循的是统计学中的“大数定律”（law of large numbers），即在随机事件大量的重复出现中，往往呈现出几乎必然的规律。这就好比一位经济学家通常不会公开说哪只股票在第二天会涨，因为这不仅违反其职业操守，更会与其科学原则相悖。但是，他可能会告诉大家，股市的基本规律是什么，因为科学的本质正是研究规律。同样，心理学不会为某人“相面”去探知其心理，而是研究大多数人的心理规律。

其次，心理学家也不会算命。

很多人认为学会心理学就可以预测人生，给人算命。有了心理学的基础可以更准确地预测人生前景、婚姻状态、工作成就等。果真如此吗？当然不是！从某种意义上讲，算命是一种迷信，是神秘主义色彩浓厚的伪科学。而心理学是一门真正的科学，既强调证据

（evidence）、证明（certification），又强调证伪（falsification）。

此外，人们还有一些对心理学的误解。比如，许多人误以为心理学家都是从事心理咨询工作的，都会进行心理救助和心理干预。事实是，心理学家当然可以做这些事，但是科学的心理学不仅指心理咨询，还包括研究人类心理活动的方方面面。比如，我们研究教育心理学，以便让孩子们更好地学习，更健康地成长；研究军事心理学，以便让战士更有士气，让军队无往而不胜；研究体育心理学，以便帮助运动员在最佳状态中发挥自己的竞技水平。总之，我们研究方方面面的心理学，包括经济心理学、政治心理学、通信心理学、工业心理学等，它们都是心理学家研究的范畴。

最后，心理学的研究本身并不是常识。

还有一种比较流行的说法是，很多人认为心理学讲的是生活常识，其作用无非是让人开心一点、正面一点、积极一点而已。那么，心理学到底是否属于常识呢？严格来讲，正规的心理学知识可以用来解释常识，也可以揭示与常识有关的错误，但其研究本身并不是常识。

人们之所以产生这样的误解，多半是因为一些常识总与人有关。而与人有关，就免不了联系上心理学。因为不管心理学是什么，有一点可以肯定：心理学研究的一定是与人自身有关的事情。其实很多时候，人们误以为自己知道很多事，可事实并非如此。在 20 世纪 60 年代，很多人认为自己很懂爱情，为此美国著名心理学家亚瑟·阿伦（Arthur Aron）做过一个有趣的“对视实验”，研究恋爱的人彼此之间凝视的程度有多强，以及互相对视的时间有多久。等结论出来以后，媒体报道称，研究表明，恋爱的人看别人的时间要比看恋人的时间还长一些。

这是一种对心理学知识的简单描述。很多人听后不以为然，以为心理学研究的都是我们已经知道的事物，但是他们并没有认真地去看这次研究报告，其中运用了很多方法来测量人们的凝视时间，并运用了很多解释，来说明为什么恋爱的人要凝视对方，会有哪些生理反应、心理结果以及有哪些价值。

2002 年的诺贝尔经济学奖被授予美国著名心理学家丹尼尔·卡尼曼（Daniel Kahneman）教授。卡尼曼教授发现了人类有以自我为中心、自以为是的倾向，并认为如果对人以及对心理的认识建立在自己的经验和直觉基础之上，其本身往往是不可靠的。

卡尼曼教授的研究中有一个非常有名的案例。讲的是一个叫王兰的女孩，她单身，30 多岁，说话坦率直白，非常聪明。她上大学时主修的专业是哲学，在上学期间对很多社会问题感兴趣，积极参加学生运动。卡尼曼教授将如上信息告知被测试者，并请他们来判断，王兰当前最有可能在做什么事？选项是：第一，在银行做一名普通出纳员；第二，在银行做一名普通出纳员的同时，还积极参加女权运动。

结果显示，大多数参与者认为第二种的可能性更大。进一步追问得出，参与者认为如此聪明和关心社会问题的女孩，不可能仅仅在银行做普通的出纳员，业余时间可能参加一些社会活动。

其实从心理科学的角度看，做出纳员和参加女权运动这两个事件同时发生的概率，并不比其中一个事件单独发生的概率高，二者出现的可能性应该平分秋色。但研究的结果并不是如此，这就是联合概率的判断误差。卡尼曼教授的研究证明，当人们凭直觉和经验做判断时，很容易产生偏差。这也印证了前文我们所说的以自我为中心、自以为是的主观经验存在诸多误差。

与自我主观感觉得到的结果不同，心理学研究会采用科学的方法和严谨的措施，将错误发生的概率降到最低，并且利用可靠的方式来收集和解释证据。因而，心理学在最大程度上保持了客观，是一门遵循科学方法而建立规则的科学。

曾经有一个流行称呼叫作“中国大妈”，大意是指我国的中老年女性扫荡了世界的黄金市场，购买大量黄金，击败了华尔街金融大鳄的阴谋。这其实只是一种直觉，我们应该看证据。中央电视台曾针对中国 10 万户家庭做过一项调查，意外地发现购买黄金最多的人群是年轻人，大妈们购买的黄金最少。为什么大家会产生中国大妈扫荡国外黄金的印象呢？是因为在国外市场,大量购买黄金的是中国富人，其中不乏富裕的大妈。也就是说，事实上是中国富人击败了华尔街的金融大鳄，而不是中国大妈。

心理学的态度

1998 年 4 月的一天，作为北京大学心理学系的毕业生，我从美国加州回国参加北大百年校庆。由于飞机晚点，在起飞之前我和安排接机的朋友说不用来接。因此，我在抵达首都机场后，只能独自在早春午夜稍显料峭的凉意中等出租车。此时，恰好有个道士模样的人路过，他端详了一下我，递给我一张名片，上面写着“××道教协会副会长”，这个头衔让我觉得如果他不是骗子，应该是在自己的圈子内有些头脸的。再加上机场外等出租车的人有不少，我也不用担心有什么潜在危险，于是礼貌性地接过他的名片，和他简单地攀谈起来。

聊了几句，他说看我正好没事儿，能否给我算一卦。算准了，让我付钱，算不准，分文不取。等出租车反正也挺无聊，我就答应了他。第一卦，他说看我相貌堂堂、威风凛凛，一定是个成功人士，对不对？我当时已经在加州大学伯克利分校心理学系执教，成为该校建校以来第一个华人教授，这个成绩虽然还不算特别成功，但总算是取得了一点成就。因此，我勉强说第一卦算准，且听二卦。他又说我天庭饱满、地阁方圆，必有大成，可惜眼前缺个好帮手，对不对？我琢磨着，这大半夜的我孤身一人在机场航站楼等车，肯定缺帮手啊！所以我说也对。这时，我看到道士眼中大放异彩。接下来他立马说，好！两卦算准且听三卦。男人四十一枝花，您一定要小心桃花运……我不禁哑然失笑，心想，这卦算的等于没算，为什么呢？小心桃花不等于有桃花，作为一个正当壮年的大学教授，我当然知道桃花运是职业风险，所以说这个也对。

道士听我肯定他的三卦皆准，摆出一副胸有成竹的样子，让我付钱给他。不过，我并没有付钱的打算。为了戳破他的“谎言”，作为一名心理学家，我知道该是我“表演”的时候了。

于是我微笑着和他讲，先别着急算钱，我觉得你这三卦不仅适合我，还适合刚才所有从国际航班上下来的中国中年男性。“此话怎讲？”他摆出一副不置可否的表情问我。看我没有马上付钱给他的意思，他有点不高兴了。我说，道长你想想啊。第一，这些人能够坐国际航班，即便不是成功人士，也是小有成就人士，对不对？他说对。第二，这些人都在大半夜等出租车，肯定缺帮手吧，下了飞机没有专车专人接啊！对不对？他想了一下，说也对。我接着说，第三呢，这桃花运可遇不可求，正常的中年男性早就成家立业，本来就是情感方面的高风险群体，更何况一个小有成就的中年男性。来不来桃花都应该小心，对吧？他说也对。我立马说，三卦全对，你得付钱！

道士听到我的话，眼睛一下子瞪得老大。我能感觉到他有什么话想说又说不出来，憋得满脸通红。过了几秒钟，道士“咕噜”一声咽了一下口水，然后，一脸尴尬地问我是干什么的。我告诉他我是心理学教授。道士像得到了大赦令，长吁一口气：“哎呀，我说呢，这真是大水冲了龙王庙，一家人不认一家人啦。你看，你看这事儿弄的……呵呵，呵呵。”他哂笑着。

这时候，等出租车的队伍正好排到我了。我和道士挥了挥手，就坐上了出租车。通过反光镜，我看到道士正看着我乘坐的出租车的背影，用手撩了一下额头。我不知道道士此时心里想的是什么：是没有成功赚到一笔算卦费的遗憾，还是碰到个不上道的明白人没“忽悠”成功后的不甘心，抑或是庆幸我只是个心理学教授而不是便衣警察？但是，我知道自己在想什么。我拿起他留下的那张名片，苦笑了一下，随手揉成一团。

我和这位在机场偶遇的道士是一家人吗？或者说，心理学和算卦算命是一回事吗？当然不是。道士宣扬的是迷信，而心理学家讲的是科学。迷信是人们在不确定的世界中，寻求心理安慰的一种近乎无知的愚昧，而心理学则通过理性与实证追求人本身与人类社会诸现象的真相。心理学是科学，而不是迷信。科学的态度是坚定的证实与证伪，迷信的态度是模棱两可的说辞与神秘兮兮的演绎。

从这点看，我和道士不仅不是一家人，在某种程度上还是不折不扣的对手。心理科学的学科态度注定了心理学是站在对抗封建迷信前沿阵地上的先锋。它是研究人类认识与行为的科学，运用以数据与实证为基础的规范的科学研究方法。它是基础的、严谨的、踏实的、朴素的、不功利的。

心理学家从来不试图像神学家或者神秘主义者那样，煞有介事地用玄而又玄的方式揭示人的命运，也不愿意加入那些打着心理学旗号，用伪心理学谋取巨大商业利益的、别有用心的“心灵导师”与“疗愈师”的行列。心理学的兴趣在于用科学的方法与文化的态度，去更理性地揭示并理解人类种种现实生活的基本规律与可能原因。心理学是真科学而不是伪科学。

当然，我并不完全否认伪心理学在特定时期也会对人起到积极的作用。比如某人在某个人生至暗的时候从科普读物中得到的帮助，可能并不如从读心术、占星术、烧香、算命等方式中得到的心理慰藉多，它们或许能让陷入绝望甚至失去求生欲望的人重燃希望。但不管怎么说，这些并不是真正的心理学，也无法给人带来长久的、真正的幸福与希望，其作用是极其有限的。特定场景与氛围下的自我麻醉，对于整个漫长的人生来说，根本不具有普遍性、指导性与可参照性。

如果一定要说它们与心理学有关，勉强的解释就是在某种特定氛围下，参与者大脑中的类似于多巴胺、催产素或者血清素等的神经递质被激发出来，让人得到暂时的沉浸感与解脱感罢了。然而，我们看到在现实生活中，利用激素煞有介事大做文章的人比比皆是。这就不得不引起我们的注意。正如如果我不是一名心理学家，就有可能在机场等出租车时，被道士充满蛊惑的话术从兜里骗走几百块钱甚至更多，那么，对于众多不识心理学真面目的人来说，在寻求慰藉的道路上，并不知道自己花了多少冤枉钱。这里我想强调的是，正是由于针对上述情况，大家已耳熟能详到近乎是一种“习惯性的合理”，才造成了心理学本来的态度被大大模糊化、被极度曲解或是被错误认知。

加拿大多伦多大学人类发展与应用心理学教授基思·斯坦诺维奇（Keith E. Stanovich），在其所著的畅销书《这才是心理学：看穿伪心理学的本质》一书中提出，当下很多人说很熟悉心理学，但是事实上，心理学真正的态度与面貌尚不为多数人知晓。他指出：“经由大众媒体传播的‘心理学’知识在很大程度上只是一种幻象。很多人不知道，他们在书店里看到的大部分所谓心理学书籍都是由一些在心理学界根本站不住脚的人写的。很多人也不知道，多数在电视上号称心理学家的人，根本得不到专业而权威的心理学会的承认。他们更不知道，大多数频频亮相的心理学‘专家’，其实对心理学领域的知识积累没有做过丝毫的贡献。”

的确，正如斯坦诺维奇教授在书中所强调的，对于大部分公众来说，至少有两类认知误区深深地影响了我们去了解什么才是真正的心理学。

第一类认知误区是关于“科学与伪科学”之间的关系。

这类认知误区，是指人们无法对心理学这门学科与那些打着心理学旗号，或借用某些心理学干预中的手段、形式而进行的一些似是而非的活动进行正确的分辨。比如“催眠减肥”“激发潜在心灵能量”“经由冥想回溯前世今生”等，这些形式让人感觉很神奇，操作者也会举出很多例子，并在操作现场让人们认为它们真的很有效，于是很多人趋之若鹜、深信不疑，付出了大量的时间、精力与金钱，并且视之为科学。

除此之外，这类活动中还包括更成体系也更具历史传统的“读心术”“占星术”“求签 / 看相 / 看手纹 / 算命”“气功”等。这些富有传统的活动，由于其在历史中的经久不衰，也会让人们更加相信它们的真实不虚。

在本书中，我们并不需要讨论上述活动是否有效。我想强调的是，它们与心理科学是泾渭分明的。我们可以相信并去体验它们，但前提是不要对自己造成直接或间接伤害。我们也有权利信奉那些还没有被科学所解释或证明的神秘现象，并且不排除有朝一日它们也能成为像万有引力、量子力学与基因工程这类伟大发现的可能性，但是在它们还没有被科学证明之前，心理学家只能支持人们“相信的权利”，却无法支持“相信的观点”。事实上，基于今天心理学的正规学科的定义，上述这些根本不是心理学，也与真正的心理学没有任何直接与必然的关系，连远房亲戚都算不上。

第二类认知误区是关于“实用与研究”之间的关系。

这类认知误区比上一种更让人头疼。为什么呢？举个不恰当的例子，如果说“科学与伪科学”之争属于“敌我矛盾”的话，那“实用与研究”之争就属于“人民内部矛盾”了。有这类认知误区的也大有人在。他们看似学习了大量的心理学知识，看了大量的心理学书籍，也接触了大量的心理学信息，从某种程度上说，他们似乎已是“业内人士”或者“入门者”。但实际上，此时如果给他们做一次调查问卷，要求他们写出自己心目中最知名的心理学家，他们的名单上大概率第一位仅仅会写大名鼎鼎的西格蒙德·弗洛伊德（Sigmund Freud）。其实，菲利普·津巴多（Philip George Zimbardo）、阿尔伯特·班杜拉（Albert Bandura）、丹尼尔·韦格纳（Daniel Wegner）等心理学家对心理学所做出的贡献，一点儿不比弗洛伊德少，甚至更有甚之。可惜，人们对他们的名字并没有那么熟悉。为什么呢？正是因为现代心理学在“实用主义”与“基础科研”之间的徘徊而对公众造成的认知误区。

第二章

心理学为何与众不同

人类的心理是一个开放的系统，它可以不断地被影响和改变。

—— 卡尔·罗杰斯

心理学科的蒲公英模型

的的确确，心理学是一门很容易让人误解的学科，无论是其学科构成的形式还是其五花八门的内容。事实上，即便是建立在统一的科学特质与实证原则之上的现代心理学，其中仍包含各种不同的内容和观点。心理学的多样性与复杂性，使其与今天人们眼中的任何一门其他学科都呈现出迥然不同的风貌。

第一，心理学总是显得不那么系统，也不是浑然一体。

不少人形容心理学“乱糟糟的，没有什么头绪”。美国心理学基金会杰出教学奖得主亨利·格雷特曼（Henry Gleitman）在 1981 年的一篇文章中将心理学描述为“一个松散的联合在一起的学术王国，它横跨了生物科学和社会科学两个领域”。一个有力的证明则是，国际上最大的心理学组织美国心理学会（APA）的分支机构多达56个。这些分支机构似乎都有自己独立而特定的研究领域并有自己的专业出版物。

正如斯坦诺维奇教授所说：“你可以看到心理学研究主题、研究背景和研究方法的丰富性和多样性。APA对于心理领域多样性的描述还是较为保守的，因为它给我们造成了一种印象，即每个分支机构都是一个特定的专业领域。事实上，56个分支机构中的每一个都是非常宽泛的，包含更小的不计其数的细小分支。简而言之，要穷尽心理学领域主题的多样性是非常困难的。”

心理学学科向世人展现的这种多样性与复杂性的姿态充满了迷惑性。其结果是：一方面，对于非心理学专业的普罗大众来说，生活似乎处处都跟心理学有关，这就引发我们前面提到的那些伪心理学活动，也会堂而皇之地冠以“心理学研修班”的名头大行其道；另一方面，对于心理学专业的人士来说，心理学太富有吸引力，总有那么多来自各方面的诱惑让他们在选择研究方向时十分纠结——每个领域都那么激动人心、引人入胜！

第二，心理学太容易让人们对它的定义充满疑惑——似乎它什么都干，又什么都干不了。

19世纪，社会学创始人奥古斯特·孔德（Isidore Marie Auguste

François Xavier Comte）否认心理科学的可能性。他断言："心理学可以研究除了它自身以外的所有现象。"与孔德同一时代的约翰·斯图尔特·穆勒（John Stuart Mill）则驳斥其观点，提出了一门心理的科学、一个心理操作的模型和一种研究心理内容的方法。

后来，德国心理学家威廉·冯特（Wilhelm Wundt）采纳并扩展了穆勒的观点，将心理学发展成一门真正的学科，并提出了科学解决认识论的经典问题——"我们如何看待、感知和认识这个世界"的方法。回顾历史，我们不能简单地认为孔德是短视的，而是要思考：为什么像孔德这样的大师也会在心理学诞生之前对心理科学持否定态度呢？我们或许能够从冯特对心理学的定义中获得某种启示。

冯特认为：在科学观念与原则之下，心理学应该与物理学、化学等其他科学一样，研究的对象是经验。但心理学与物理学、化学是有区别的。心理学研究的是人的直接经验，即人可以直接体验到的感觉和情感心理过程。这是一种主客观不分、浑然一体的经验，而像物理学、化学等自然科学则属于人的间接经验。间接经验是由概念通过人的推论而得，所以其诸多理论与实证是基于某种特定的科学假设，是哲学意义上的理性主义思辨传统向经验主义实证传统过渡的研究范式。但心理学关注的是人本身，虽然会同时考察情境，但总的来说，心理学更加倾向或执着于人的具体经验。

我们知道，人的经验是主观的。所以，心理学不能用物理学或化学的方式进行科学研究，也就是说，不能以理性主义思辨传统先入为主，而要依靠纯粹的经验主义实证传统，并经由实证进行验证。由于人的差异性，个体经验也会存在差异性。因而心理学研究中要进行一定的条件限定，寻求在某种共同情境下人类认知与行为的普遍性规律。

与此同时，冯特也意识到，正是由于个体与集体的分野，实验心理学只能研究个体的直接经验，而人类的高级心理过程（如观念、情绪、意志等）则需要在民族心理学的体系中进行研究。从这种心理学的理论体系和研究对象出发，冯特确定了心理学的两种研究方法——实验内省法和心理产品分析法。

心理产品分析法与民族心理学正是冯特对孔德论断的回答。冯特认为心理学的任务是研究心理复合体的构成要素及其构造方式和规律，也就是说，心理学要回答三个重要问题：（1）心理有哪些要素？（2）心理复合体的结构是什么？（3）心理复合体形成的规律是什么？

要回答这三个问题，就要运用科学的方法与手段，通过控制实验来实现对个体及其所处的环境与群体之间的关系进行系统的研究。现代科学心理学从其诞生之始，其定义便经受了种种质疑。孔德的观点具有一定的代表性，但并不是全部质疑。心理学既研究个体也研究群体，并会提供学科的见解。正是因为专业的心理学家总是按照严格的实验原则来提供结论，人们又会因为“做实验是不错，但再厉害的实验也不可能把每个人都研究到”这样的现实，来对心理学的有关结论具备普遍性规律揭示的百分之百合法性产生怀疑。

第三，心理学“太爱多管闲事”。

今天，心理学已经渗透到人类社会生活的各个领域，因为心理学研究人本身，但凡有人的地方，就有心理学研究的空间。

心理学家是一群“怪人”。他们中有些人似乎显得“鸡毛蒜皮”，总是提出那些稀奇古怪的研究，比如“瞳孔的大小与智力的关系”“为什么有人总觉得饿”“为什么男人爱说谎，女人爱哭”“新闻报道如何影响公众对科学的信任”“自恋源自不安，而非自大”，等等。还有一些人则显得“野心勃勃”，他们研究人类的文化归因、积极社会的标准、人类的品格优势与美德、文化震撼与政治心理等。

心理学家也是“多面手”，同时又是“捣蛋鬼”。他们的研究结论经常颠覆人们的一些“常识”，比如有人说，学习好或读书多的孩子都不擅长交际和体育。然而其他心理学家却提供大量证据表明，爱读书的人和追求学术成就者与不读书者相比，有着更强健的体魄，而且更常参与社交活动。科学研究还进一步证明，学习成绩好的儿童比学习成绩差的儿童更容易被同伴接纳，他们更愿意接受新鲜事物与应对挑战，读书多的人比不爱读书者更有意愿参与运动、慢跑、露营、远足、修理汽车等。

心理学是如此与众不同，总是给人带来惊喜与突破。在我看来，无论是从形式上还是从内容上，心理学就像一株蒲公英。它生发于一个最基础的根基——科学态度，然后在其中酝酿更多的种子——对人类认知、行为的好奇与发现。在这些种子成熟之后，就会飞离母体，飞向更广阔的空间，并继续酝酿新的种子。在时间与空间的不断延展中，心理学的蒲公英家族会不断地壮大，它分布得更广，参与得更多，揭示得也更多。有哪一门学科会像心理学这样有着鲜明的蒲公英模式呢？我们习惯以树的形式来认识某一学科，以树的形式建立自己的学习与职业，而心理学就不是树的模式。所以，我们不能以定义树的习惯来定义心理学。这是心理学与其他学科最大的不同之处。

大众“常识”与心理学原则

总的来说，心理学研究人与生活紧密相关的问题。其中有些正好是大家熟悉，而且经常关心的问题。比如：什么样的人容易讨人喜欢？ 什么样的事让我们记忆深刻？ 什么样的事让人高兴或痛苦？为什么男人比女人更爱聊政治时事？人为什么要自杀？

正因为关心这些问题，人们就会有自己的分析、证据，并得出自己相信的结论。很多时候，这些自觉的结论与心理学家的研究结论并不完全一致。比如心理学家发现，青梅竹马的婚姻很难成立，婴儿并不是有奶便认娘，性格并不决定一个人的命运，等等。

每当矛盾、怀疑、迷惑甚至气愤产生的时候，我们到底是该相信自己的直觉、经验和常识，还是该相信心理学的研究、发现和知识呢？这就涉及大众“常识”与心理学原则之间的判断。不幸的是，大多数纯粹的心理学教科书都太过于专业。它们仅满足于告诉大家心理学的研究、发现和知识，但从不说明为什么这些是值得人们关注和信赖的。许多编写者直接跳过了这一层面，而是把人们的阅读直接归结于要使用某些发现与知识。这就相当于不是给人们渔网教会他们捕鱼，而是直接给他们一条鱼，并且说："吃吧，鱼很好吃，你们不用管这鱼是怎么来的，大口大口地吃掉就行，对你们的健康有好处。"我判断，这些编写者并不是故意这样设计，很可能是源于他们对阅读群体的误判。

另外，作为一门新兴的学科，也应考虑到我所描绘的心理学的蒲公英模型与内容特征。心理学教科书多数会被认为是专业的研修人员阅读，但事实上，随着心理学的快速发展，也得益于人类社会对心理学应用的极度发挥，有越来越多的非心理学专业人士开始大量地寻找并阅读这类书籍。而编写者似乎并没有对此做充分的准备，好像都在假设每一位读者思考起问题来都像心理学家一样，可以轻而易举地相信和理解心理学的研究、发现和知识。对这种现象进行积极反思的心理学家就是我前面提到的斯坦诺维奇教授，我个人极力推荐他撰写的《这才是心理学：看穿伪心理学的本质》。

心理学的学科定义

如果你仅问一个问题却可以难倒天下的心理学家，那它一定与心理学的学科定义有关。

心理学是一门研究人的行为与心理过程的科学。这就意味着：首先，心理学是一门科学，强调客观、预测、经验、观察、假设和测试，需要证据、证明和证伪，以及用科学的方法得出结论，并非凭空想象；其次，心理学研究的对象是人的外在行为及内在的心理过程。

“心理学”的英文单词是psychology，由希腊文psyche和logos组合而成。前者指的是灵魂，后者指的是研究及讲述。因此从字面上讲，心理学是一门研究及讲述人类灵魂的学问。但是，现代心理学显然并不研究灵魂，到底研究什么呢？任何学科都能从两方面来分析和讨论其科学定义：一是研究的问题；二是研究的方法。心理学研究的是人类的心理过程和心理行为，这是心理学研究的基本问题及范畴。心理过程及心理行为具体指哪些？其主要包括感觉、知觉、记忆、学习、理性判断、决策、情感情绪活动、社会行为、道德意识等。

值得注意的是，很长时间以来，心理学研究存在一种负性偏差。美国哈佛大学“幸福课”主讲者泰勒·本－沙哈尔（Tal Ben-Shahar）的调查表明，一个世纪以来，心理学家研究了很多负面的心理活动，比如抑郁、焦虑、恐惧、心理治疗、心理咨询，这些都曾是心理学关注的重点课题。近些年的大数据研究结果也显示，目前的心理学有比较强烈的生物化倾向以及过多的负面性心理分析。这种现象是有待改变的。当前的心理学应该提倡多研究一些正面、主动、积极的心理活动，比如创新、想象、幸福等。纠正负性偏差，从积极心理学的角度来研究人类的心理活动、心理过程，正是本书的独特价值所在。

第三章

心理学是这样发展而来的

心理学有着漫长的过去，却只有短暂的历史。

—— 赫尔曼·艾宾浩斯

前面说过，在公众眼中，心理学显得很神秘，同时也被误解很多。虽然心理学的声音与思想渗透在每一种文化的日常生活中，但是大多数人依旧搞不清楚这个学科到底是关于什么，以及心理学家到底做什么。有的人一提到心理学家就会想到穿白大褂的人，在他们心中，一个心理学家如果不穿白大褂，在各种医疗场所出没或者不拿小白鼠开刀就不能算是心理学家。有的人听到“心理学家”这几个字，则会在脑海中浮现出一个满嘴中欧口音的人（弗洛伊德的化身）对躺椅上的一个患者进行催眠，其认知的公式是“心理学＝精神分析”。还有人听到心理学，脑海里浮现的是像科幻电影《超体》中那种能够识别并控制他人的“超人”，似乎越出名的心理学家，就应该越接近“超人”。

人们对心理学的认知为什么如此模糊呢?

除了之前提到的一些原因，诸如不知道如何区分常识与科学、不了解心理学的学科特征之外，很重要的一个原因是，很少有人系统地了解过心理学的发展历史，既包括心理学诞生之前的思想源流，也包括心理学诞生后曲折的发展进程。对于心理学历史的模糊或者无概念，极大程度地造成了人们在听到市面上一些心理学信息的时候，无法分辨它属于一种怎样的心理学，或者到底属不属于心理学！

我在本书第一部分中提出了蒲公英模型，它是我们理解心理学和心理学史特别有必要的一个比喻。

蒲公英模型与树模型最主要的差别是，对于心理学这门学科，我们决不能像理解其他学科那样，仅仅循着一个理论从树根到树干和树梢再到树叶的方式来学习。如果是这种学习方式，我可以肯定地说，想要真正全面地了解心理学大概率会出现认知与学习困难。因为事实上，心理学的很多子学科之间，都有着自己独立的理论基础与实验基础，它们所研究的主题有时泾渭分明，看起来没有必然的联系，至少从直观上是这样的。

那么什么是心理学呢？正如我在第一部分中强调的，在能够有机会定义自己心目中的心理学“本来的样子”之前，我们要先了解一下“心理学是什么”所代表的心理学发展历史。

心理学作为一门正式的学科，诞生的时间并不算长，满打满算只有 143 年。对于人类所构建的大部分学科来说，心理学相当年轻，但是年轻的现代心理学却有一个悠久传统。在 1910 年，德国著名心理学家艾宾浩斯（Hermann Ebbinghaus）说过，“心理学有着漫长的过去，却只有短暂的历史”。艾宾浩斯说这句话的时候，正好是威廉·冯特于 1879 年建立世界上第一个心理学实验室之后的 30 年。与当时已经建立起来的天文学、解剖学、物理学、化学和生物学等学科相比，心理学真的很年轻。但是艾宾浩斯对心理学充满期待，他说："心理学短暂的历史可以通过漫长的过去来弥补，心理学的许多问题和关注焦点可以追溯到古埃及、古希腊和古罗马时期。"

艾宾浩斯所指的是人类的早期思想源流以及在这思想源流中关于人的思考。不过，艾宾浩斯显然并不了解东方思想，尤其是中国与印度这两个古老文明国度在遥远的时代也有很多出色的思想家，他们像古埃及、古希腊和古罗马时期的思想家一样，也在思考同样的问题。东西方思想家为心理学奠定了坚实的思想基础，同样为心理学赋予了其最终于近代成为专业学科后的发展动力。当然，现代心理学发端于欧洲大陆，兴盛于欧美，对于东方人来说，现代心理学在他们的知识体系与专业学术中是新生儿。这造成了现代心理学知识体系中，比较缺乏来自东方民族思想、经验与实证的内容。这是现代心理学科的遗憾，当然，从积极的角度来看，这恰恰是未来心理学的一个新的发展机会。

心理学的思想渊源

毋庸置疑，西方文明的根源可以追溯到古希腊和古罗马时期。在那个时代，西方人探索的两个重要领域——哲学与自然科学——均起源于古希腊与古罗马思想家伟大的头脑。当然，在古希腊之前更久远的时代，亚述人的"梦书"似乎是今天所谓心理现象的最早解释。

亚述帝国（Assyrian Empire，前935—前612），是兴起于美索

不达米亚（即两河流域，今伊拉克境内幼发拉底河和底格里斯河一带）的国家。公元前8世纪末，亚述逐步强大，先后征服了小亚细亚东部、叙利亚、腓尼基、巴勒斯坦、巴比伦尼亚和埃及等地。

“梦书”是亚述人创作在黏土板上的一系列图画。黏土上的楔形刻痕代表音节，并且同一种符号经常代表两种或多种不同的发音。黏土板具有一大优点，就是火烧会使它变得更加坚硬。所以当图书馆着火时，它们往往会幸免于难。亚述人的黏土板上描述了死亡之梦和掉牙脱发之梦，还有因为发现自己在公众前赤身裸体而感到羞愧的梦。这可能算是中东地区最早有证据的关于人的羞耻心与害羞心理的记载。当代著名的美国心理学家菲利普·津巴多教授专门写过一本畅销书《不再害羞》，从现代心理学实证角度深入揭示了人类害羞心理的根源。

在古老的东方，古印度的思想家们早在公元前900年之前就开始思考那些关于世界的最重要的问题。翻开古印度神秘的思想经典《奥义书》文献，我们会看到《奥义书》最核心的思想，就是代表着宇宙终极存在的“梵”与代表着“自我”的“阿特曼”最终成为一体。可见，早期《奥义书》的宗教思想者已经意识到运用哲学式思辨的方式来理解灵魂、意识、身心关系及人与自然的关系。今天，我们依稀能够从弗洛伊德的著作中看到类似古印度关于“自我”的阐释，而社会心理学、跨文化沟通心理学中大量实证证明个体心理与群体心理、个体心理与文化心理之间都存在难以割裂的关系。

古代中国也有充分证据表明古代思想家对人的心理现象的思考具有悠久的历史。《尚书》《左传》《国语》是公认的我国古老的三部历史文献，有不少心理学思想都可以从中找到思想源头。例如，《尚书》中对五行观念、人贵论和人性论思想、认知心理思想、个性心理思想、心理测验思想等都有所涉及，《左传》中关于情感心理思想、病理心理思想、文艺心理思想可见一斑，《国语》中所传递的缺陷心理思想也饶有意味。

以《尚书》为例，据传是孔子将自上古时期的尧、舜一直到春秋时期秦穆公时的各种重要文献资料汇集在一起，经过认真编选而成书。其中内容多数集中于公元前10世纪的周代。在清华大学2008年7月入藏的一批战国竹简中，出现了失传两千多年的《尚书》真正原貌。除此之外，如《诗经》《周易》等早期典籍中也明确记载了许多关于人的身心关系、自我意识、群体心理以及个体心理过程等心理学思想。至春秋战国时代，孔子、墨子、孟子、老子、庄子、杨朱、荀子等思想家，对心理现象的研究已蔚然可观，确立了以人性论为主线索的心理学理论探讨。

在公元前1000—前900年左右，在世界各主要文明的"轴心时代"到来之前，心理学的萌芽已同时在几大文明中酝酿出来。但从轴心时代开始以及之后，这几大思想传统中的心理学萌芽事实上由于不同的风土因素、不同的思维模式、不同的世事变迁而走上了不同的发展之路。古印度的心理学萌芽彻底融入了其宗教哲学的范畴，并被赋予了完全的宗教神秘主义色彩，无论是作为正统派的婆罗门教（后转型为印度教）还是反对婆罗门教的佛教、耆那教、顺世论、生活派、不可知论等，都没能发展出现代心理学的理论与实证传统。

在中国，早期的心理学萌芽虽然没有宗教化，甚至自秦汉以来，魏晋、唐宋、明清各朝代的众多卓越思想家对心理现象的讨论更加丰富和深入，但总体上看，中国古代心理学思想主要集中在人贵论、形神论、天人论、性习论、知行论、情端论和主客观论七大范畴之中。与西方心理学思想相比，中国古代心理学思想的主要价值，恰恰体现在对偏重于社会科学倾向的心理问题的研究上。具体来说，主要在社会心理、教育心理、文化心理、军事心理和养生方面更加突出。正因为以上诸多领域受社会、政治、经济、文化、历史等因素影响较大，所以中国古代的心理学萌芽生发之路充满了人文主义色彩。

客观来看，对于现代心理学于西方的诞生，由于种种原因，中国古代思潮并没有在最初做出多少贡献。但是如果放眼心理学这一百多年来的发展历史，尤其是进入 20 世纪末期，东方思想成为推动心理学持续发展的一股不可忽视的重要力量。中国古代如关于人的心理社会化所提出的“渐染说”和“童心失说”，关于人的心理个性化所提出的“阴阳五行”差异说和“习与性成”差异说，关于知行问题所提出的知行论，关于遗传、环境、教育问题所提出的性习论，以及关于心理卫生问题所提出的生理—心理—自然—社会的整体养生模式等，为今天心理学的全球化发展提供了崭新的视野与研究领域，那些光辉的思想终于在今天绽放出绚烂的光芒。

与古印度和古代中国不同，起源于古代欧洲的心理学萌芽尽管也长期笼罩在宗教氛围下，但是其与以理性主义、经验主义为基础的哲学思辨建立起关联，并且在很早就与医学建立起密不可分的关系。

从某种程度上说，现代科学的各个分支几乎都起源于古希腊与古罗马的哲学，在16世纪随着启蒙运动的兴起迎来自己的爆发。尽管直到今天，科学也无法全面地回答许多关于我们所在的世界的本质与完美解释人类的心灵如何工作等重大问题，但是科技的飞速跃迁的确给人类提供了更加可靠的研究范式，告诉我们该如何提出适当的问题，并收集相关资料来验证理论。心理科学的诞生似乎也遵循这样一个背景，其固然有着遥远的思辨基础，但是真正让心理学成为现代科学体系重要一员的标志却是其科学方法论的建立。

心理学的哲学渊源

现代心理学的许多议题，在今天的科学发展出来之前就是哲学领域长久讨论的话题，比如学习、心智、幸福、情感、认同、美德等。古希腊最早的哲学家一直在寻找关于我们所存在的世界中各种问题的答案，以及我们思考和行动的方式。从那个时候起，我们就为了思考意识和自我、心灵和躯体、知识与知觉、社会构成与如何过上美好生活而孜孜不倦了。

哲学从远古走来，形成了五个最基本的发问："世界构成的基本要素是什么？""世界的运行规律是什么？""人作为一种存在与世界的关系是什么？""生命的本质与意义是什么？""什么才是美好的人类生活制度？"哲学家的任务就是运用永无止境的好奇之心、用理性来揭示这几个指向真理的发问。针对这几个问题，即便是一个几乎没有哲学基础的人，也会大致答出一些自己的观点。因为在现实生活中，从我们开始产生对世界与自我的好奇、探索之心的时候，这些问题就与我们相伴相生。

在古希腊有三位哲学家天天想这些问题，就是俗话所说的“吃饭、睡觉、想问题”，他们是苏格拉底、柏拉图、亚里士多德。这三位大咖是递进的师徒关系，共同确立了哲学认识论思想，也代表了研究人类认识的起源、本质、方法和局限的哲学分支。

在历史上苏格拉底一直被公认为伟大的观察者与怀疑论者。他的名言“未经审视的生活是不值得度过的”充分证明了他的这种思辨特质，也在客观上启迪了心理学的反思精神。他对知识与真理的追求，为人类的认知、学习与发展提供了早期的理性主义伦理价值取向。同样，作为一位德高望重的老师，他提出的“教师不是向学生灌输真理，而是帮助学生发现真理的思想”，也为今天的教育心理学提供了关于如何更好地学习与建立师生关系的早期参考。

柏拉图是苏格拉底的得意门生，也是苏格拉底事业的继承者。事实上，后世对苏格拉底的诸多了解都来自柏拉图对他们师生之间对话的记录。柏拉图承认感觉信息并不可靠，知识不是源自感觉，而是源自感受的推理过程。柏拉图强调源自我的感官感觉与“形式”（理念）之间的差异，将人的认知与真实的理念世界进行了明确的区分，创建了典型的“二元论”思想。他提出提高人们对世界认识的精确性的唯一方法是测量与演绎推理（逻辑），可以说为现代心理测量学的发端奠定了最早的思想基础。柏拉图还是“先天论”的最早代表，我们今天所熟悉的遗传学似乎在柏拉图的思想里早已产生了萌芽。

亚里士多德是柏拉图的学生，与他的老师与师爷相比，亚里士多德更大程度上可以被精确地描述为自然科学家。他是早期撰写生物学与心理学主题的大部分重要著作的第一人，也是将“归纳”的观察法作为演绎法的补充闻名于世的大思想家。归纳法正是后来现代科学经验主义的基础，也是心理学至今为止的经验主义科学伦理的原则。

当然，并不是只有这三位哲学大咖对心理学的源流做出过贡献，其实，在他们之前或同时代，还有不少伟大的思想家都为心理学源流提供过杰出的思考。

出生于公元前580年的毕达哥拉斯比苏格拉底还早出生一百年。他继承了古埃及人在数学测量与计算方面的传统。在毕达哥拉斯的哲学世界观里，数学的任务绝对不仅仅是测量与计算的工具，而是应该成为一种描绘世界的语言。数学不仅可以计算存在的事物，还可以预测未来。毕达哥拉斯完善了以数学与几何为基础的科学测量技术传统，将数学创造成科学通用语言。通过音律的数学化，他精确地描述了物质世界与和谐的心理体验之间的关系，为将心理学作为一种科学的信仰奠定了坚实的基础，启蒙了测量复杂的心理过程（如动机、创造力和智力）的科学传统。今天，心理学学科中大量应用数学语言，不能不说这里面时时闪烁着毕达哥拉斯的凝视。

以“人不能两次踏进同一条河流”而闻名的赫拉克利特也是一位对心理学研究方法做出过贡献的古希腊哲学家。他认为世界上的一切事物永远都在运动变化中，万物皆流，无物常驻。他的观念展示了一幅较完整的朴素辩证法的世界图景。列宁称其为辩证法的奠基人。

活跃于公元前6世纪末—前5世纪中叶的巴门尼德是一位诞生在埃利亚（南部意大利沿岸的希腊城市）的古希腊哲学家。他认为存在是永恒的，是连续不可分的；存在是不动的，是真实的，可以被思想。感性世界的具体事物是非存在，是假象，不能被思想。他认为，没有存在之外的思想，被思想的东西和思想的目标是同一的。他第一次提出了“思想与存在是同一”的命题。

巴门尼德的学生芝诺对心理学也有着巨大的贡献。作为巴门尼德的得意门生，芝诺为老师的“存在论”进行了辩护，但是不像他的老师那样企图从正面去证明存在是“一”不是“多”，是“静”不是“动”，芝诺常常用归谬法从反面去证明。其最著名的归谬法例子就是那个著名的“芝诺悖论”。“芝诺悖论”对人类的思维过程和灵魂可以按照物理世界的规律加以理解的观点，发起了强劲的挑战。而芝诺所擅长的归谬法，正是现代心理学至为重要的一项研究方法。

与苏格拉底同时代还有一位伟大的哲学巨人，是心理学传统不能略去的人物，他就是德谟克利特。德谟克利特是人们很熟悉的一位唯物主义哲学家，是唯物思想最早的启蒙者。德谟克利特广为人知的是其所创立的“原子论”，但是很多人不知道，基于“原子论”，德谟克利特建立了其“作为物质的心灵”的理论，该理论事实上启蒙了古代的知觉理论。

几乎与此同时，古希腊智者派的代表人物普罗泰戈拉（Protagoras，约前490或前480—前420或前410）也活跃于历史舞台。普罗泰戈拉接受了赫拉克利特关于万物流变的思想，认为变动不居的感觉现象是真实的，万物是在不断运动变化的。但是他从这种素朴的感觉论走向了相对主义和怀疑论，断言每个人的感觉都是可靠的，人们对一切事物都根据各自的感觉做出不同的判断，无所谓真假是非之分。因此他提出一个著名的命题“人是万物的尺度”，认为事物的存在是相对于人的感觉而言的，人的感觉怎样，事物就是怎样。

他认为万物的存在与否、性质形态都是相对的，完全取决于人的主观感觉，由此他又断定“知识就是感觉”，主张只要借助感觉即可获得知识。他根据这种观点，强调了人作为认识客观事物的主体的意义，否定了神或命运等超自然的力量对人生的作用，树立了人的尊严。虽然普罗泰戈拉被公认为主观唯心主义，但是“人是万物的尺度”这句论断经过后世的不断改造，为心理学后来的人本主义思想提供了早期重要的观念基础。

还有一点值得注意，在希腊的后亚里士多德时代，许多不同的哲学流派盛极一时，从心理学的观点来看，其中最引人注目的当属斯多葛学派[①]和伊壁鸠鲁学派。“我们如何找到幸福？”“我们应该如何对待我们的生活？”，对于这样的问题，两个学派给出了不同的回答。

伊壁鸠鲁学派的代表人物伊壁鸠鲁和诗人卢克莱修主张，所有知识产生于储存在记忆中的感觉信息，人生是原子碰撞的永恒历史中

① 现代斯多葛书系《知命不惧——从芝诺到马可·奥勒留的生活艺术》《自律是命运》《勇气在召唤》《障碍是道路》已由颉腾文化引进，即将出版。——编者注

一个简短的插曲，人生的目标就是享受任何可能的快乐。而斯多葛学派的代表人物芝诺和古罗马剧作家塞涅卡等则认为世界是由理性原则支配的，每个人都有责任在个人行为和国家事务中遵循、发扬理性，激情和感情应当被压制。“享乐主义”和“节制主义”对后世发挥着持久的影响。美国哲学家、心理学家威廉·詹姆士把这两个哲学流派分别描述为“软心”与“硬心”。

现代脑科学与认知神经科学的发展，已经能够识别人类大脑中主导生活态度与生活方式的神经递质，我更愿意将“享乐主义”称为“多巴胺脑”，将“节制主义”称为“内啡肽脑”。多巴胺会让人产生一种强烈的愉悦感，属于典型的“先甜后苦”体验，而内啡肽则会有止痛效果和欣快感，属于典型的“先苦后甜”。

心理学的医学渊源

除了哲学家，古希腊的医学家在研究人的道路上也没闲着。事实上，在心理学历史上的各个时期，心理学都与医学、生物学和神经学有着密切联系。

过去的观点认为，心理过程与行为的基础之一就是生物学。事实上，那些时期的“心理学”有许多现在看来都属于医学领域。古希腊的医生除了研究生理如何影响气质的理论外，还建立了关于心智位置的早期理论假设，其中最著名的当属希波克拉底（前460—前370，和苏格拉底几乎是同时代）。

希波克拉底是古希腊最著名的医生，被西方尊为“医学之父”、西方医学奠基人。他尊重自然，运用客观医学实践来打破神创宿命论。其最著名的理论则是为了抵制“神赐疾病”的谬说，积极探索人的肌体特征和疾病的成因而提出的“体液学说”（见《论人的本性》）。

四体液理论不仅是一种病理学说，而且是最早的气质与体质理论。希波克拉底认为，复杂的人体是由血液、黏液、黄胆、黑胆这四种体液组成的，四种体液在人体内的比例不同，形成了人的不同气质。希波克拉底认为，每个人的生理特点以哪一种液体为主，就对应哪一种气质。先天性格会随着后天的客观环境变化而变化，这种观念为后世的医学心理疗法提供了一定的指导基础。

虽然今天看来，希波克拉底对人的气质成因的解释并不正确，但他提出的气质类型的名称及划分，却一直沿用至今。在运用整体治疗疾病的理念之下，希波克拉底还通过敏锐的观察，发现人体左右功能与大脑左右功能存在一定的关系。同时，他也是人类动机的最早观察者。

希波克拉底建立起来的医学传统与理论没有因为日后频繁的战乱而丧失活力，相反，它在古罗马时代得到了极大的整理与发扬。在希波克拉底去世的600多年后，一个名叫克劳迪亚斯·盖伦（Claudius Galenus，129—199）的医生和解剖学家横空出世。盖伦为后人保存了希波克拉底的理论体系，成为希波克拉底思想的继承者、传承者与“链接者”。

盖伦将希波克拉底的医学理论一直传递到文艺复兴时期。他的《希波克拉底的元素》一书描写了基于四元素说上的四气说的哲学系统。在这个理论的基础上，他发展了自己的理论，为后世留下了一个庞大的生理学思想体系。

盖伦的最重要成就是建立了血液的运动理论和对三种灵魂学说的发展。大约在公元前5世纪后期，毕达哥拉斯学派的菲洛劳斯（Philolaus）认为人体具有三种灵魂：生长灵魂，这是动物和植物共有的，在人体上位于脐部；动物灵魂，这是动物所有的，位于心脏部位，主管感觉和运动；理性灵性灵魂，这只有人才具备，位于脑部，主管智慧。亚里士多德则分别称这三种灵魂为生殖灵魂、感觉灵魂及理性灵魂。植物只有生殖灵魂，动物有前两种灵魂，只有人才具备三种灵魂。盖伦则把这三种灵魂的说法与人体的解剖学、生理学知识创造性地结合起来，提出了所谓“自然灵气”“生命灵气”“动物灵气”的理论。他认为这三种灵气，在人体上分别位于消化系统、呼吸系统和神经系统。它们都发源于一个被称为“纽玛”的中心灵气，这种“纽玛”存在于空气中，人体通过呼吸吸进“纽玛”从而得以活动。

盖伦在描述性生物学方面做出了重要贡献。他对人体许多系统解剖结构的描述以及结合解剖构造对血液运动的系统论述，都在生物学史上产生了很大的影响。他通过实验与观察、解剖详细描述了人体的功能。

盖伦提出了气质这一概念，用气质代替了希波克拉底体液理论中的人格，形成了四种气质学说，此分类方式一直在心理学中沿用至今。当然，盖伦也有局限性，他是原子论与机械论、无神论的坚定反对者，坚持神创人类的设计与创造理念；他认为心脏里贮存着人的生命元气等观点都被科学的发展证明是错误的。在文艺复兴之前，盖伦是无可替代的权威，即便是文艺复兴几十年后，大多数医学教材书，特别是解剖学类教材中，还以盖伦的诸多理论为权威。

回顾这些古代人物，除了了解他们的工作以及对心理学传统所做出的贡献，是否有其他的意义呢？当然有。如果我们稍加注意就会发现，今天的心理学家仍然在研究这些古人所提出的问题。心理学家仍然在思考心理学的本质是什么，仍然想知道心智存在的真实性与具体存在于人体哪里，依然大量地运用数理工具、统计方法、经验实证或者归纳法、演绎法、归谬法、辩证法等构建新的心理学理论，揭示新的心理学发现。我们探索人性、探索感觉与知觉、探索情绪与行为的原因……事实上,今天的心理学正走在古人所走的道路上,一直向前。

曙光来临之前

心理学的历史到底从何算起呢？现在公认的是，1879 年德国心理学家威廉·冯特在德国莱比锡大学创建的世界上第一个心理学实验室标志着心理学的开端。不过，在冯特之前，心理学得以诞生的诸多条件正在积累着。

从 5 世纪西罗马帝国崩溃到 16 世纪欧洲文艺复兴运动结束的这一千多年里，欧洲经历了长时间的战乱、宗教裁判与霸凌的“黑暗的中世纪”，但是心理学并没有在这片“黑暗”里停滞不前；相反，作为一门前科学的心理学，作为知识增长和有限科学发展的一部分，得到了中世纪罗马天主教会的承认。

圣·奥古斯丁（354—430）是中世纪最重要的思想家与神学家。对奥古斯丁而言，上帝是终极真理，而认识上帝是人类心灵的终极目标。但问题是人本身的活动与行为呢？人肯定不是上帝，但是人能探索真理。这使奥古斯丁将真理的存在导向每个人的内在。在其所著的《忏悔录》中，奥古斯丁令人惊叹地揭示了情绪、思想、动机和记忆这些现代心理学中最重要的概念。（甚至有些人会把奥古斯丁称为“第一位现代心理学家”，当然这种说法并没有被公认。）

在奥古斯丁之后，公元7世纪时，先知穆罕默德创立了伊斯兰教，穆斯林学者和知识分子得以为后世保存了许多古代的著作。在13世纪时，圣托马斯·阿奎那（1225—1274）开始通过这些保存下来的典籍重新解释亚里士多德，并创立了经院哲学。经院哲学重新把接纳人类理性作为在寻求真理的道路上对宗教信仰的一个补充。心理学最重要的思辨工具得以在浓厚的宗教氛围中保存。

在16世纪时，位于意大利北部阿尔诺河河畔的佛罗伦萨是一座拥有7万人的美丽古城，就是这座小城，成为欧洲文艺复兴运动的发祥地。当时积聚在佛罗伦萨的名人众多，比如达·芬奇、但丁、伽利略、拉斐尔、米开朗琪罗、多纳泰罗、乔托、提香、薄伽丘、彼特拉克、瓦萨里、马基雅维利等，都在佛罗伦萨焕发出自己生命中最灿烂的光芒。正是因为众多卓越的艺术家、文学家创造了大量闪耀着文艺复兴时代光芒的建筑、雕塑、绘画和文学作品，佛罗伦萨才成了文艺复兴的重中之重，成为欧洲艺术文化和思想中心。

以达·芬奇为例，人们熟知他是因为《蒙娜丽莎》这幅传世名画，但是达·芬奇不仅是卓越的画家，还是雕刻家、发明家、技术娴熟的解剖学家。达·芬奇制作了第一个脑室模型，还大量参与医学插画创作。他的解剖图是最早给观察者提供解剖多个观察视角的作品。其最著名的解剖图——《子宫中的人类胚胎》，在此后数百年里仍出现在解剖学的教科书中。

文艺复兴时期伟大的技术成就即古登堡印刷术的发明，为从这一时期开始包括前科学心理学在内的许多知识领域留下了第一批大批量的印刷品。1590 年，一位叫鲁道夫·郭克兰纽的学者出版了一部包含不同作者文章的作品集，主要涉及人性本质特别是人类灵魂的内容。这本书名为《心理学：论人的改善》（*Psychologia Hoc Est*，*de Hominis Perfectione*）。作为第一部心理学著作，这本书取得了成功，在 17 世纪到来之前已经印刷了三次。

文艺复兴时期，宇宙的观念以及人在宇宙中的位置的观念经历了剧烈变化。1543 年，哥白尼发表了“日心说”，挑战了已经流行 1300 多年的“真理”——托勒密的“地心说”。之后布鲁诺与伽利略为“日心说”正式成为新的“真理”付出了巨大代价。牛顿在科学上的突破性贡献与发现哈雷彗星的英国天文学家埃德蒙·哈雷爵士的科学推测，让人们认识到科学力量之强大，最终成为科学真正崛起的重要标志。他们富有开创性的工作证明，对生物系统的研究能像物理学家研究物理系统那样，具有同样的实验严密性。这树立了实验生物学的发展方向，也为后继的实验心理学成功奠定了必要的基础。

文艺复兴时期的哲学家也不甘人后，在经历了一千多年漫长的“黑暗的中世纪”之后，哲学也在此时迎来了自己的复兴，并为心理学的诞生提供了强劲的思想动力。

心灵与肉体是否分离的争论可以追溯到柏拉图时代，但是直到17世纪的哲学家勒内·笛卡尔（1596—1650）的出现，人们才第一次详细了解了心灵与肉体之间的关系。从1629年到1633年，笛卡尔撰写《世界》（包括“论光”和“论人”），在这本书中，他提供了心灵与肉体二元论的详细论述。

虽然早在公元2世纪解剖学家盖伦已经表达过类似的观点，但是笛卡尔才是在描述上“第一个吃螃蟹的人”。他指出，无形的心灵（或灵魂）存在于大脑的松果体中，它负责一切思考，而肉体就像一台“动物精气”操纵的机器，或者说是流经神经系统的体液使人做出各种动作。他还认为，心灵与肉体是分离的。笛卡尔认为大脑中松果体是“思维之所在”，所以也一定是灵魂的居所。心灵（或灵魂）就像一名舵手，支配着有意识的感觉。这样，肉体就能影响心灵。笛卡尔从法国凡尔赛花园的供水系统及精美的喷泉中得到了灵感，他将操纵神经和肌肉的精气比喻为水流的力量。“正是这种力量推动了一切。”这就是笛卡尔学说中的心灵。

今天，大多数心理学家已经视心灵为大脑的产物了。实际上，心理健康与生活健康之间的差别是非常复杂的。当心理压力导致生理疾病时，很难明确区分两者到底哪一方在作用哪一方，同时身体内的化学失衡也会影响大脑。比如，加州大学医学院的阿伦·斯霍勒教授就通过磁共振设备揭示出，一个经常被打骂否定的孩子的大脑介质明显比一个生活在爱与尊重的环境下快乐的孩子的大脑介质有缺失。这种缺失会导致儿童很多不良习惯与不良性格的产生，长大后更容易沉迷毒品、暴力犯罪，失业可能性大，同时也可能面临更多的精神疾病或其他健康问题。

文艺复兴之后，哲学取得了若干进步，这些进步为心理学奠定了概念基础。早期经验主义者如托马斯·霍布斯、约翰·洛克、乔治·贝克莱等强调经验对被动心灵的影响。后来的联想主义者如大卫·休谟、大卫·哈特莱、詹姆斯·穆勒和约翰·斯图尔特·穆勒等，则考虑了主动心灵在联想形成中所起的作用，从而为人类的自主学习和记忆的心理学研究创造了条件。然而，来自德国的哲学家冯·莱布尼茨和伊曼纽尔·康德大力主张先天论。这一理论认为，心理的内容不仅是经验的产物，还受到其先天结构的影响。

2017 年，英国认知神经学家、伦敦大学大脑与认知发展研究中心带头人马克·约翰逊（Mark H.Johnson）和英国伦敦大学儿童健康研究所发展认知神经学教授米歇尔·德·哈恩（Michelle de Haan）合著出版了一本名为《从自然到使然：心理成熟背后的脑机制》（*Developmental Cognitive Neuroscience*）的著作。它从历史上的“自然－使然”之争开始，将人脑功能和认知的发展与脑结构的变化联系起来，探讨发展认知神经科学的诸多背景问题：基因与发展、脑结构与功能以及神经建构，人类从婴儿到成人阶段脑发展的关键问题：脑发育、关键期与技能学习，为神经学家、认知发展学家、计算机建模工程师未来的合作提供清晰的理论探讨与实践框架，等等。

从后文艺复兴时期开始就被哲学家争论不休的这个问题，在今天已经成功地成为发展认知神经科学的核心领域。发展认知神经科学是神经科学中成长最显著的研究领域之一，《从自然到使然：心理成熟背后的脑机制》一书的出版被誉为该学科诞生的号角，是该领域研究的最佳导读。

学界认为，文艺复兴和后文艺复兴时期对心理学的发展做出了两个重要贡献。

西方科学革命开始于伽利略、牛顿和哈雷，产生于这次革命中的科学传统强调了某种方法论。这种方法论成为心理学最重要的科学研究原则：一个人必须仔细观察、记录，而且如果可能的话，要使其数量化。对某些变量的效应要做出数学预测，并且要从经验上证明那些预测。这样的方法有望更确切地反映现实，揭示现象与现实背后的真理。

心理学从文艺复兴和后文艺复兴时期继承的不仅是一种科学传统，还有它的哲学基础。笛卡尔主张心灵与肉体的分离，并且受它自身规律和原则的支配，这为心理学作为一门独立于其他科学的学科做足了准备。这些规律和原则成为后来心理科学的研究领域。心理科学还从这两个时期接受了两种重要的哲学取向：先天论和经验论。这两种取向不仅依然为心理学理论增添光彩，还对解释心理学中一个重要且有争议的问题起到了积极作用：人类的特征是先天遗传的结果，还是我们的抚养方式即后天的结果？

千万不要小瞧这个争论，就算到今天，这个争论依然是主导宗教、政治、经济、文化、社会、国际关系等问题的核心观念之一。事实上，一个人的政治经验和信仰倾向深刻影响着一个人乃至一种文化或一个民族对这一问题持有的立场。先天论强调遗传特征，它较少强调环境，因此对教育经验的预期结果持一种更为保守的观点。先天论在弘扬人类天赋的同时，也会有意无意地对人们后天的努力与环境的作用造成低估。经验主义取向则强调所有人的先天潜能是同等的，强调环境因素对人的发展的重要性，还强调教育的作用。后来，这一哲学取向在美国开花，并促成了心理学行为主义的产生。

脑与神经系统研究的早期预热

心理科学的建立受到哲学的深远影响，与此同时，在早期解剖学基础上发展起来的对脑和神经系统的探索，为心理学的诞生提供了另外的支持。

1508年，教皇尤里乌斯二世委派米开朗琪罗在梵蒂冈西斯廷小教堂的天花板上绘制一系列壁画。1511—1512年，《创造亚当》这幅伟大的作品诞生了。人们惊叹于米开朗琪罗的绘画艺术之高超，沉浸于绘画所创造的绝美意境，却没有人发现这幅画中隐藏着一个秘密。1990年，一个名叫弗兰克·麦斯伯格的妇科医生在《美国医学会杂志》上发表了一篇文章。麦斯伯格认为围绕在上帝周围的是一具人脑的清晰外形与细纹。米开朗琪罗所绘制的形象与当代解剖学教科书中脑内各侧面的描绘惊人地相似。所以，麦斯伯格得出结论，米开朗琪罗绘制的这一环形脑的意向是表明上帝给予亚当的不是生命，而是智慧。

约翰·霍普金斯大学教授、医学插画家伊恩·苏克（Ian Suk）也对这幅画中大脑状元素“以非同寻常的方式与解剖学上的形状完全吻合”表示极为吃惊。二十年后，苏克和他在约翰·霍普金斯大学的神经外科医师同事拉斐尔·塔玛格（Rafael Tamargo），在教堂天顶的另一块版面上发现了属于他们的隐藏大脑。这幅名为《神分光暗》的画描绘了“神说，要有光”的那一刻。考虑到文艺复兴时期艺术侧重于生动的人体结构，苏克和塔玛格注意到上帝的脖子看起来很不寻常——他的颈部显得很突出。事实上，它看起来更像一个脑干。脑干这一结构处于大脑的底部，主要职责是确保身体能维持像呼吸一样的基本功能。苏克和塔玛格拍摄了一个大脑模型的照片，并将其阴影与上帝颈部的阴影进行对比，结果它们是一样的。他们将这一论文发表在《神经外科》（*Neurosurgery*）杂志上。

米开朗琪罗的故事，只是心理学诞生之前众多有关人脑研究中的一个例子，当时诸如此类的事情层出不穷。比如，对脊髓机能的实验研究也开展起来，并且比对大脑的研究还要早。1751年，罗伯特·怀特发表《论动物的生命活动和无意识活动》，报告了其十多年的研究成果“脊髓反射”。从那之后，众多研究者投入脊髓机能的研究中。在美国俄亥俄州立大学名誉教授戴维·霍瑟萨尔（David Hothersall）所著的《心理学家的故事》一书中，戴维对这段历史以及出现的各种人物和科研成果进行了广泛的介绍。

通过这些介绍，我们能够得出一个最基本的结论：尽管威廉·冯特是实际上的“心理学之父”，但是他的成就离不开众多先人打下的坚实基础。历史选择了威廉·冯特成为创建心理学的人，他是如何汇集先人的种种经验与探索，最终形成一门崭新的科学学科的呢?

现代心理学创始人登场亮相

1832年8月16日，冯特出生在德国巴登地区曼海姆市的内卡劳镇，是家中的第四个孩子。童年时冯特胆小、害羞、爱做白日梦，伙伴也很少。直到上大学之前两年，冯特才变得开朗起来。1851年，冯特进入图宾根大学，学习医学课程。1852年，他转学到海德堡大学医学专业继续深造。在海德堡大学期间，冯特学习非常努力。有一次，为了研究食盐对身体的影响，他连续几天控制食物中食盐的摄入量，直到身体出现代谢紊乱情况。基于这次研究，1853年他发表了自己的第一篇文章《谈尿液中的氯化钠》。1856年，冯特毕业于海德堡大学医学系，获得博士学位，并取得了该校讲师资格。1857年，冯特在海德堡大学开设了“实验生理学”课程。

1862年，冯特开设了“自然科学的心理学”课程（后来改为“生理心理学”），并在该年第一次提出“实验心理学”一词。在课程中，他开始使用来自自然科学的实验方法和神经生理学的研究成果来研究心理学。1864年他晋升为副教授。1874年，心理学历史上最重要著作之一《生理心理学原理》出版。这是心理学史上第一本专门以心理学为内容的教材。在书中，冯特把关于心理实验的结果整理为一个系统，研究了人的感觉、情感、意志、知觉（冯特称之为统觉）和思维等心理活动。1875 年，冯特被莱比锡大学聘为哲学教授，从此一直生活在莱比锡。

1879 年 12 月，冯特在莱比锡大学里创建了世界上第一个心理学实验室。他想研究人类意识活动的基本过程，就做了一个小实验，记录一个小球从撞击桌面到人意识到这种撞击的时间，二者之间的时间差是他主要研究的问题，即反应时。这是人类第一次用定量的自然科学方法来研究心理活动。刚开始时，学校并不太支持这个实验室的运行，但是冯特的课越来越受欢迎，1882 年实验室从一个单间搬到了有 11 个房间的新地址，1897 年实验室甚至有了一座独立的楼。实验室的创建成为现代心理学正式诞生的标志！

冯特不仅创建了第一个心理学实验室，还招收了很多优秀的学生。他们后来都成为各国心理学界的领军人物。比如，美国学生斯坦利·霍尔（Granville Stanley Hall）是儿童心理学运动之父和青春期发展理论家；英国学生爱德华·铁钦纳（Edward Bradford Titchener）在康奈尔大学创建了美国第一个心理学实验室，把心理学的实验传统带到美国，创立并完善了“构造主义”（structuralism）理论；中国学生蔡元培在北京大学主持工作期间，于 1917 年设立了心理学实验室，并在 1926 年设立了心理学系；等等。

心理学的自由之路

似乎是一个引爆点，从冯特起，心理学开始迅速成长起来。大量的欧美学校也开始出现心理学系。正如哲学带有特定的地域色彩一样，心理学在不同的地区也有着各自的发展方向。也就是说，从心理学诞生的那一天起，以科学原则为核心精神或者种子的心理学，就已经形成了蒲公英模型的发展模式。

在德国，冯特、艾宾浩斯等心理学家采用严格的科学和实验方式进行研究。在美国，威廉·詹姆斯（William James）和他在哈佛大学的同事们采用更为理论性和哲学化的方法。在巴黎，围绕着以神经学家让·马丁·沙可为核心的学者亦成立一个颇有影响力的学派。这个学派通过催眠治疗癔症展开，其中一位名为皮埃尔·让内的神经专家提出了“无意识”的观点，这比弗洛伊德的精神分析理论还要早。

19 世纪最后的 20 年，可以说是心理科学取得重大飞速发展的时代。研究心灵的科学方法已建立起来，这些方法与研究躯体的相关学科的方法大致相同。起初，科学的方法仅用于研究知觉、意识、记忆、学习和智力，后来它在观察和实验过程中的实践又为新的理论提供了宝贵的财富。虽然这些观点现在看来有很多局限性，比如很多研究带着研究者强烈的主观意味（弗洛伊德是其中最典型的代表人物之一），但这些先驱者为下一代心理学家更为客观地研究心灵和行为奠定了基础，并且催生了治疗心理障碍的新理论。

除了冯特，在心理学史上，与他大致同时代的威廉·詹姆斯也是一个非常重要的人物。

詹姆斯在美国率先开设了实验心理学课程，为心理学成为一门真正的科学做出了杰出的贡献。他于 1875 年在美国建立了一个心理学实验室，比冯特在莱比锡大学建立心理学实验室的时间还早 4 年[①]。他是美国心理学研究会（1885 年成立）的主要创立者，终其一生都在探讨超个人的心理现象与超心理学，是公认的美国心理学奠基者。他认为人的精神生活如有不能以生物学概念加以解释的地方，可透过某些现象来领会某种“超越性价值”，并强调人有巨大的潜能尚待开发，人的意识只有很少一部分为人所用。

詹姆斯对意识问题很关注，认为心理学家应多关注各种心理活动存在的原因、意义和价值，主张研究人类的意识及其功能。他不同意冯特、铁钦纳提出的“意识只是一些毫无生命的、简单的元素”的观点，认为意识更像是一条生命的河流，能够源源不断地融入我们的心中，并由此创造了一个心理学概念叫“意识流”（stream of consciousness）。

以詹姆斯为代表的心理学理论流派叫“机能主义”（functionalism），也被称为心理学史上的第二个流派。如果说构造主义作为第一流派强调的是意识的构成成分，那么机能主义则强调意识的作用与功能。以思维为例，构造主义强调意识的构成成分，而机能主义则关心思维在人类适应行为中的作用。

在机能主义于美国兴起之际，欧洲悄然兴起了另一个心理学理论流派，就是著名的“精神分析”理论流派（psychoanalytic theory）。奥地利心理学家弗洛伊德原本是一位精神科医生，但他对心理学的影

① 因詹姆斯建立的实验室主要用于教学演示，而不是实验和原创性研究，因此未被认定为世界上第一个心理学实验室。——编者注

响是无以估量的。他提出人类的心理活动由无意识冲动引起，并花费大量时间来研究各种无意识的心理活动，并认为人的驱力是力比多[1]。弗洛伊德提出的主要理论包括意识的冰山理论、潜意识理论、心理发展阶段理论与心理防御机制。为了探索人们的无意识，精神分析采用的方法是自由联想法、释梦、催眠等。最常用的方法是自由联想，即问对方一个问题，然后询问对方想到什么、感受到什么，由此了解对方下意识的欲望及需求，并且会通过对方的梦或口误，来探索内在无意识冲动。

弗洛伊德无疑是20世纪最有影响力的心理学家之一。他不仅对心理学的影响很大，对哲学、艺术、历史学、社会学、政治学也都有很大的影响，以至于让一些人误认为弗洛伊德代表了心理学，但其实是不对的。心理学家已发现，弗洛伊德的很多观点、理论没有科学证据，并且由于其大部分证据来自对患者的分析，有以偏概全的倾向性。

当弗洛伊德的理论在欧洲大陆兴盛的时候，美国又出现了一种新的心理学理论流派“行为主义”（behaviorism）。其代表人物是美国心理学家华生（John Broadus Watson）和斯金纳（Burrhus Frederic Skinner）。华生认为心理学家应研究那些可观察、测量和定义的心理学变量，这些变量被其称作“行为”。他还认为，行为是人们对外在刺激的自发自动的反应，主张研究行为与环境之间的关系，认为任何人只要被给予足够多的行为塑造，是可以将其变成我们所期望的任

① 力比多是英文 libido 的中文发音，其基本含义是性本能的一种内在的、原发的功能、力量。——编者注

何人的。这也是“经典条件反射”（classical conditioning）的内涵，即借助某种刺激与某一反应之间的已有联系，经过练习建立起另一种中性刺激与同样反应之间的联系。行为主义常用的方法是实验法和观察法。华生最著名的经典条件反射研究是“小艾伯特实验”（Little Albert experiment）。

行为主义的第二个代表人物斯金纳（1904—1990）则认为，心理学家不应花时间去研究不可捉摸的意识，而应该研究人类的行为，行为可以通过“操作性条件反射”（operant conditioning）进行塑造和改变，即由刺激引起的行为改变的过程与方法。该反射的行为是个体主动进行的，当某一行为出现后得到奖励或惩罚，继而控制这种行为的发生。

斯金纳经实验证明，积极强化能够刺激特定的行为模式产生。他把小老鼠放在精心设计的箱子中，箱子里装有一根杠杆。每当小老鼠按压杠杆时就会有食物颗粒出现，鼓励着它一次又一次地做出按压杠杆的行为。因此，斯金纳认为，动物受到它们从动作和环境中得来的反馈的影响，进而斯金纳总结说“生命体操纵着它的环境，同时遇到的刺激又强化了它的操作性行为”。这句话的潜在含义是，不仅老鼠可以通过实验来证明强化刺激的作用，作为同样拥有生命的人也会遵循相同的行为模式。

虽然斯金纳的行为曾备受争议，但行为主义并没有就此沉沦，斯金纳的工作后来重新在许多应用心理领域中被认可，特别是在教育学家和临床心理学家眼中更是如获至宝。

值得一提的是，著名的华人行为主义心理学家郭任远先生，也为心理学的发展做出了突出贡献。郭先生早年毕业于复旦大学，1918年在美国加利福尼亚大学攻读心理学，曾得到新行为主义代表人物托尔曼（Edward Chase Tolman）教授的赏识。郭先生在1923年获得博士学位回国后，任上海复旦大学教授、副校长，1925年创办心理学系并筹建心理学院。

在心理学界，无论是弗洛伊德的精神分析理论，还是行为主义的基本理论，都在很大程度上有宿命论意识，放弃了人类的主动精神和自由意志，所以一些心理学家开始提倡心理学应该具有人文精神及情怀，由此兴起了“人本主义”思潮。

人本主义思潮有两个代表人物，一个是罗杰斯（Carl Ransom Rogers），另一个是马斯洛（Abraham H. Maslow）。他们认为人类应该有更高级的追求，而不是简单地对外在环境做出反应。比如马斯洛提出“需求层次理论”（hierarchical theory of needs），认为人类有很多需求，其中基本需求包括生理的需求、安全的需求、社交的需求、尊重的需求，高级需求则是自我实现的需求。

马斯洛认为这五种需求是人最根本的需求，是与生俱来的。它们构成了不同的等级或水平，并成为激励和指引个体行为的力量。马斯洛在后期又将高级需求增加到三种，即认知的需求、审美的需求以及自我实现的需求。

马斯洛认为，需求的层次越低，其力量越强，潜力越大，随着需求层次的上升，需求的力量相应减弱，并且只有在低级需求得到满足或部分满足之后，人类才会追求高级需求。例如，当一个人处于战乱的生存环境中，不能保证自身安全，通常是不会追寻社交的需求的。当然，在个体发展中，也存在先不追求低级需求而去满足高级需求的情况，比如为了国家利益而牺牲自己的生命等。这里顺便说一下，今天大行其道的“积极心理学”一词最早就是由马斯洛在其名著《动机与人格》一书中提出的，虽然他并没有对此进行过多的研究与解说。

人本主义心理学崛起之后，心理学的发展进入了一个快车道。从 20 世纪 80 年代起，社会心理学、发展心理学、教育心理学、文化心理学、积极心理学等诸多新兴的心理学科得到了飞速的发展。与此同时，脑科学与认知神经科学、遗传心理学、生理心理学、实验心理学等也进入了新的历史阶段。心理学呈现井喷之势，美国大学生学习专业排名第一的一度是心理学专业，则从另一个方面证明了心理学在今天的大流行事实。

心理学的未来

心理学的历史，就是在不断升华、提升和创造新自己。那么，它的未来将如何发展？我个人认为，有三大领域能代表心理学未来的研究重点和研究方向：

第一个领域是认知神经领域。它是 20 世纪 70 年代兴起的认知革命的延续，借用生物科学的一些全新技术，特别是核磁共振技术来研究人类心理活动的脑机制。比如，它能检验心理活动是否受到了人脑的生物局限，其脑区的范围在哪里及表现如何，等等。这些脑科学革命对人类的认知科学有着巨大的促进作用。

第二个领域是文化革命。在 20 世纪 90 年代，美国心理学家开始意识到并不是所有人都讲英文，也不是所有人都具备和美国人一样的心理表现。于是，有些心理学家倡议应该从社会文化的角度，来探索人类心理活动的基本规律。

文化心理学研究领域的一个著名代表人物，是我的导师理查德·尼斯贝特（Richard E. Nisbett）。他是美国密歇根大学心理学终身教授及美国科学院和文学院的双料院士。他和我以及其他同事做了很多文化差异的基本研究，并发现东方人和西方人在思维、判断、情绪、认识等方面存在很大的差异。

1994 年，我和师兄迈克尔·莫里斯（Michael Morris）教授在著名的《人格与社会心理学》杂志上发表了《文化与归因》一文，奠定了我有幸成为全球文化与跨文化沟通心理学的早期研究者之一的学术影响。更幸运的是，这篇论文在接下来的近三十年间，一直被学术同行与社会上对跨文化心理研究感兴趣的朋友们持续关注。在这篇论文及后续的很多跨文化心理研究中，我们对大量来自全球各地不同肤色、不同民族、不同国家、不同生活背景的人进行了多项实验，“分类配对”“鱼群实验”“反应时测量”“核磁检测”等研究范式应运而生。

我们从实验中发现，东方人更加擅长在事物间寻找关系，西方人更加倾向于探寻事物的类别与属性；东方人更加注重生活中的“烟火气”与“超道德”的协调，西方人更加在乎生活中的“公平、正义与自由”；东方人更喜欢联想与辩证思维，西方人更致力于诉诸理性与问题解决，等等。

其中一项有趣的研究是“莫里斯－彭鱼范式”（Morris & Peng's fish cartoon）文化投射测验（这是我当年在美国密歇根大学完成的跨文化比较的博士论文）。我和莫里斯教授用计算机模拟鱼的各种互动关系，以鱼群为启动刺激，探讨不同文化下人们归因倾向的变化。我们制作了鱼以各种方式游动的动画，每种游动都是一条鱼以一种方式游动，而一群鱼以另一种方式游动，要求参与者对这些鱼的行为做出解释。结果显示，中国参与者倾向于认为鱼的行为是由外部因素驱动的，美国参与者则倾向于认为鱼的行为是由内部因素驱动的。该测验已成为美国心理学教科书中最经典的文化投射测验。

第三个领域是20世纪90年代末兴起的积极心理学。积极心理学奠基人、美国心理学家马丁·塞利格曼（Martin E. P. Seligman）和心流（flow）的提出者、著名心理学家米哈里·契克森米哈赖（Mihaly Csikszentmihalyi）认为心理学家应更多关注人类的优点、美德和最佳行为，而不该持续关注负面消极的部分。

他们认为，人类的优势是多方面的，不仅有思维优势，还有情感优势、道德优势和创造优势。而且人不仅有生物属性，更有社会属性和道德属性，有许多追求、理想以及同情心、利他心。正因如此，积极心理学研究的是人类正向积极的部分，不仅关心人类、支持人类，更希望理解人类，是伟大而接地气的学科。我们将在本书的第四部分中详细介绍。

第二部分

幸福的基石
——认识你自己

第四章
领略感觉、知觉的美妙

世界如一面镜子：皱眉视之，它也皱眉看你；
笑着对它，它也笑着看你。

——塞缪尔

回溯历史，早期心理学家的工作充满了想象、思辨与假设，虽然先驱者的观念与设想几乎覆盖了今天心理学家进行精密研究的所有领域，但毕竟不能像今天这样运用科学的成就，难免会有其局限性。心理学和其他科学一样，都需要通过不断地发展、总结和升华，才能真正掌握其基本概念及规律。

接下来，我们先了解心理学的一些基本概念。

人的五种感觉

在日常生活中，我们经常用到“感觉”这个词，但是所表达的不一定是心理学家所理解、研究和定义的“感觉”。比如有的年轻人说“我对这个女孩有感觉”，这个“感觉”就不是心理学中的“感觉”，而是一种情绪反应和爱慕之情。还有的人说“我对这件事有感觉”，指的也不是心理学中的“感觉”，而是一种意识。

从心理学角度讲，感觉（sensation）是人脑对直接作用于感官系统的一种个别属性直接的反应。这是一个很长的定义，我们着重了解一下感官系统。

感官系统接收了周围世界各种各样的信息，让我们对世界有一个直观反应。它可以从三个方面加以分析和解释：一是信息的来源；二是感官的生理器官；三是所产生的各种心理现象。按感官的接收信息方式来讲，人体分为五大感官系统，即视觉系统、听觉系统、嗅觉系统、味觉系统和皮肤触觉系统。

机警的侦察兵——视觉

视觉（vision）可谓人类最丰富的感觉。我们通过它来接收将近70% 的周边信息。视觉系统的主要器官是眼睛。在五种感官系统中，眼睛就像是侦察兵，负责搜集周围世界的各种刺激，然后通过神经通道反射给大脑皮层，让我们形成对周围世界的直观认识。

眼睛中有两种非常重要的感受图像的细胞，一种叫视锥细胞（主要在白天工作），一种叫视杆细胞（主要在夜晚工作）。正是因为有了它们，我们才会对周围世界形成鲜明、准确的印象。尤其是颜色视觉，因为有了它，我们看到的世界才如此丰富多彩。

颜色视觉的理论主要有两个：

一是“三色说”，其由英国物理学家托马斯·杨（Thomas

Young）以及德国物理学家、生理学家兼心理学家赫尔姆霍兹（Helmholtz）提出。他们认为人有红、黄、绿三种基本色觉，它们在视网膜上对应着三种视锥细胞，每种视锥分别含有不同的光化学物质。其中每种光化学物质分解都可以使神经纤维产生冲动，再传至大脑皮层的视觉中枢，让人产生对相应颜色的感觉。

二是“四色说”，也叫“对立过程理论”，其由德国生理学和心理学家黑林（Hering）提出。他认为色觉不能单纯用混色的原理来解释，而是由黄蓝、红绿、白黑这三对视素分解和合成，产生各种不同的视觉感觉。

另外，有研究表明，视觉感知有时存在文化差异，同一个视觉器官因为文化差异会有不同的视觉感知。

我之前进行过一个对娃娃脸的视觉感知研究。娃娃脸，指的是那些具有新生儿面部特征的成人面孔。婴儿都有特定的面部特征，传达出迷人、可爱、需要拥抱、无助和毫无威胁等信息。进化论指出，在恶劣的生态环境中，拥有不成熟的娃娃脸的个体得以推迟或减少性行为，以便有充足的时间获取更多的资源。因此，人类面部特征有向年轻化、女性化和婴儿化方向进化的趋势。

我的研究主题是：在娃娃脸的进化方向上，其速度和进程是否具有跨文化差异？通过综述国外已有的娃娃脸特征研究，我总结出了一套娃娃脸特征计算标准。选用亚洲人脸数据库（CAS-PEAL）的1040张中国人中性表情的真人脸照片作为实验材料，使用计算机面孔识别技术，借鉴人体测量学和颅相重合法的测量与计算方法，测量出每张照片的娃娃脸特征向量。再依据眉眼距进行标准化，计算出每张脸的娃娃脸指数并进行排序。

在所得序列中，以每 20 张为间距选出男女各 23 张照片，分别让 80 名中国参与者和美国参与者完成对这 46 张照片的迫选和两种娃娃脸程度评价，并采用拓扑分析，得出来自两种文化背景的参与者对亚洲人脸的娃娃脸评价分布函数。结果发现，美国参与者比中国参与者更倾向于将亚洲面孔知觉为娃娃脸面孔。

对周围世界震动的美妙反应——听觉

人类第二大重要的感官系统是听觉系统。听觉是对周围世界震动的一种美妙反应。听觉的器官主要是耳朵，其主要作用是对音量、音高、音色进行感知和分析。正是因为有了听觉，我们才对周围世界的震动有如此美妙的体验。例如，古典乐、交响乐、摇滚乐、爵士乐、民族乐等都要借助我们的听觉来欣赏。

有一个关于听觉的研究很有意思，它和伤感音乐有关。

“网抑云”“emo”的流行，让很多人以为伤感音乐激发的一定是伤感情绪，但伤感音乐中有没有积极因素呢？我曾经做过这样一个研究。通过网络调查来自不同的文化、年龄和社会阶层的 772 个参与者，了解其对伤感音乐的体会。随后根据他们的反应，总结出 76 个原因，并根据这些原因编制成调查量表，让参与者在没有任何音乐的环境里，安静地回答这 76 个问题。结果发现，参与者在听伤感音乐时，出现最频繁的情绪不是抑郁和悲伤，而是怀旧。换句话说，伤感音乐激发的是对情绪的回忆，触发的是人们的同理心，以及关心他人和理解他人的社会心理。

有趣的感官体验——嗅觉和味觉

人类另两个十分有趣并且重要的感觉是嗅觉和味觉。嗅觉是由有气味的物质引起的，味觉的适宜刺激是溶于水的化学物质。嗅觉和味觉其实是紧密相关的。在很多时候，人的舌头不一定能够感受到食物不同的滋味，此时需要嗅觉的帮助。比如在感冒的时候，我们为什么品尝不出食物的味道？是因为嗅觉被屏蔽了。

嗅觉是一种特别有趣的感官体验，它能带来快乐和兴奋。研究发现，嗅觉也可以影响人的心理状态！众所周知，嗅觉是一种能够让人对有气味的刺激做出反应、决定喜好的感觉，而气味是精神体验和身体感觉之间的媒介。《美国心理学家》杂志发表的名为《闻起来像干净的灵魂，气味对认知和行为的无意识影响》的文章中，介绍过一个验证香气对认知过程和行为产生影响的实验。实验发现，当参与者接触到柑橘香味的清新剂时，清新的感觉会让他们觉得一切都会好起来。

清新的味道让我们感觉未来一切都好，但如果是不好闻的味道呢？

经典实验 | 不同味道导致不同的心理反应

加拿大多伦多大学心理学教授斯派克·李（Spike Lee）和美国南卡罗来纳大学教授诺伯特·施瓦茨（Norbert Schwartz）在一项研究中

发现，当人们闻到鱼腥味的时候，就会产生怀疑的态度。这项发现似乎印证了“闻起来像臭鱼”的俚语。这个俚语隐喻了一种可疑、阴暗或不可靠的现象或实体。为了验证这种效应，这两位研究人员让参与者在一个房间中玩游戏，游戏的成败在于参与者是否相信他们的队友。然后，在游戏进行了一段时间后，研究人员在空气中散播了一些鱼腥味。当参与者闻到这些气味时，在游戏中逐渐显露出了不信任的感觉。但是，当他们闻到与鱼腥味对照的另一种强烈的气味时，并没有出现怀疑的行为模式。可见，不同的气味会导致不一样的心理反应。

人类的味觉主要有四大类，苦、酸、咸、甜。我们对苦味的感觉是最敏感的，其次是酸味，再次是咸味，对甜味的感觉敏感性则最低。所以很多人在吃甜食时，并不知道自己已经吃了很多。现在还有一个学术上的争议，即人类到底有没有第五种味觉“鲜”？所谓“鲜”就是煮海带所产生的那种味道。

研究表明，我们对味道的感知部位主要在舌头，舌尖感知甜味，舌根感知苦，舌两侧感知酸味比较敏感，舌中则对咸味更敏感。总体来讲，我们味觉的敏感度符合苦、酸、咸、甜的规律。

带给我们深层幸福的感觉——触觉

还有一种不应该被忽视的感觉是触觉。人类的触觉在深层进化中是有重要意义的。这是因为人和其他动物在6000万年的演化历史过程中相互支持和接触，触觉带给我们的是舒适、安全、幸福和快乐的感受。

人与人之间会有很多身体接触，比如握手和拥抱。身体接触有什么积极作用呢？美国杜克大学的科学研究发现，人从出生的那一刻起，就需要得到拥抱和爱抚。这是因为身体接触对新生儿的神经元发育有着非常重要的作用，缺乏身体接触会影响婴儿的身心发育。美国北卡罗来纳大学的专家也发现，身体接触可以减少压力对身体的有害影响。除身体层面的影响外，身体接触对我们的心理也有重要意义。有研究发现，身体接触可以激活大脑皮层的某些特定区域，这些区域与接纳和信任感有关，那些以身体接触的方式和他人相处的人，往往被认为更诚实可靠。

因此，平时要记得多拥抱自己的亲人、朋友。深情的拥抱弥足珍贵。

感觉的神奇作用

世界的存在需要我们自己去感受，感觉帮助我们了解周围的世界。我们不妨想一想，如果没有感觉的话，会有怎样的心理体验和反应？贝克斯顿（Bexton）、赫伦（Heron）和斯科特（Scott）在 1954 年做了一个名为“感官剥夺”（sensory deprivation）的实验。其过程是六个参与者被通过某种方式剥夺了所有的感觉刺激，以供实验者观察其对大脑产生的影响。由于六名参与者在实验中深感痛苦，实验被迫终止。

这个实验让我们知道没有感觉的生活是多么恐怖。那么，有了感觉，我们的生活会不会变得美好？心理学家也做过这方面的研究，发现感觉可以让我们更加愉快、积极和主动。其结论是，当我们在大街上随便问一个人的电话号码时，如果不触碰他的话，成功的概率只有10%。而如果在不经意间，我们轻轻地触碰对方的上肢，就会得到20%的肯定回应。

当然，如果想要认识真实的世界，仅凭视觉、听觉、味觉、嗅觉、触觉是不够的，并且在很多情况下，我们的感觉甚至可能出错。我曾经在某天晚上开车回家，突然感觉路上有块大石头，便猛踩一脚刹车，过后仔细一看，才发现路上并没有石头，只是阴影而已。这种感觉的错误从何而来？其实是我们通过大脑进行分析、判断和解释等一系列加工得到的一个整体认识，而这种对事物的整体认识就是知觉。

知觉的独特属性

知觉是指我们人脑对刺激物体的整体观察、感受、整合、加工和解释。

一般来讲，感觉是对事物个别属性的直接反应，是比较客观的，而知觉则是对事物的整体属性的间接反应，是比较主观的。从感觉到知觉会有两种加工方式，一种是自下而上的加工，一种是自上而下的加工。自下而上的加工是指对刺激的分析始于感觉受体，然后再上升至大脑和心理的层次，这是我们在日常生活中应用非常广泛的一种加工模式；自上而下的加工是指根据我们以往的经验和预期，先从较高水平的心理过程来完成信息的加工和处理，进而形成感官认识。

另外，知觉相对于感觉而言，还有一些特性。

整体性

知觉的第一个特性是整体性。整体性是指在知觉过程中，不是孤立地反应刺激物的个别特性和属性，而是多个个别属性的有机综合及反映事物的整体和关系。

比如格式塔（Gestalt），意为“形式”“整体”，起源于德国，发展于美国，是一种关注意识整体性的心理学理论。该理论提出，有机体感知的是整个模式或结构，而不仅仅是单个成分。这种观点可以用一句格言来概括，即“整体大于部分之和”。

另外，心理学家罗伯特·殷（Robert K. Yin）发现，人类的整体知觉还有一个未知的效应即“倒置效应”（inversion effect）。其中比较著名的是“面孔倒置效应”，该效应是指对于正面的面孔，人们加工得比较快且准确，但是当面孔倒置后，人们加工得比较慢且不准确。在生活中，当我们正面看一个熟悉的事物时会很容易感知准确，如果将其倒置则会产生困惑。

选择性

知觉的第二个特性是选择性。选择性是指人不可能对周围所有的刺激产生知觉，只能选择部分信息。被选择的信息叫作知觉的对象，没被选择的信息叫作知觉的背景。

选择性是个体根据自己的需要与兴趣，有目的地把某些刺激信息或某些刺激物作为知觉对象，而把其他事物作为背景进行组织加工的过程。一般来讲，知觉的对象是鲜明、具体和可记忆的，而知觉的背景会经常被忽略且不鲜明。

心理学家切瑞(Cheery)在1953年提出的“鸡尾酒会效应”(cocktail party effect) 可以形象地说明知觉的选择性。该效应是指在嘈杂的室内环境中（以鸡尾酒会为例），同时存在许多不同的声源，比如多人同时说话的声音、餐具的碰撞声、音乐声，以及这些声音经墙壁和室内的物体反射所产生的反射声等，这一系列声音形成了复杂的混合声波。然而，在这种声学环境中，听者却能够听懂所注意的目标语句。

当然，知觉的对象和背景不是一成不变的。在特定情况下，人们知觉的对象和背景可以互换,其与人的注意力和知觉的选择性有关。我们关注什么，什么就成为对象，不关注的则成为背景。比如著名的“两可图”很好地诠释了这一现象——从一张图中，我们之所以可以看见不同的事物，正是因为变换了关注的对象。

理解性

除整体性和选择性以外，知觉还有另一个重要的特性叫理解性，理解性指的是人会对周围世界刺激的认识加以理解、分析和判断，有时还会加入自己主观的体验、经验和期望。

理查德及我和我的同事，多年来分析了东西方人对周围世界认识的差异。我们发现东方人更关注事物的背景，而西方人更关注事物的对象。东方的艺术手段，多是充分挖掘人类对背景的欣赏和理解。比如苏州园林的移步换景和借景，以及自上而下去观察世界的知觉方式（俯瞰技术），这些都是东方人对背景关注的表现。而西方的艺术手段，更多关注的是事物的对象，由此发明了很多强调对象的表现手段。比如在很多西方绘画作品中，对象常常显得巨大、鲜明，背景则处理得暗淡，甚至根本没有背景。

东方人的知觉方式多采用移动的方式，而西方人的知觉方式则更多采用固定的方式。审美艺术反映的正是心理知觉的文化差异。东西方人在知觉的对象和背景上的不同关注度，可以由一个心理实验来证明，这就是著名的“棒框实验”（rod and frame test）：

经典实验 | 东西方人在知觉上的不同关注度

在一个较大的正方形的一条边上有一条垂直的线段，研究人员要求参与者在另一个较小的正方形的同一条边上添加一条垂线。如果参与者在小正方形中画了一条和大正方形的垂线绝对长度一样的线，说明其并不关注边框的大小，是相对场独立的认识方式；如果参与者画的线的长度相对而言比大正方形的线要短，说明其受到了边框的影响，是相对场依存的认识方式。

心理学家研究发现，东西方参与者在做该实验时，其画法是不一样的。东方参与者普遍受边框的影响很大，长度线画得比较短，而西方参与者多数不受边框的影响，线画得一样长。由此可见，东方参与者倾向于相对认识，而西方参与者则是绝对认识。

最近的研究也发现，东方人在进行相对判断时需要的认知资源要少，而在进行绝对判断时需要的认知资源要多；与之相反，西方人在进行绝对判断时需要的认知资源要少，而在进行相对判断时需要的认知资源要多。这就是知觉理解性的文化差异。

恒常性

知觉的第四个特性是恒常性。虽然感觉的刺激在不断变化，但知觉是恒定不变的。恒常性有很多表现方式：

一是大小恒常性，是指在一定范围内，个体对物体大小的知觉不完全随距离变化而变化，也不随视网膜上的视像大小而变化，而是仍按实际大小的知觉特征。例如，我们在楼上看风景，地面上的人不会因为我们的距离被感知为“小人”。

二是形状恒常性，是指个体在观察熟悉的物体时，当其观察角度发生变化而导致在视网膜上的影像发生改变时，其原本的形状知觉保持相对不变的知觉特征。例如，我们还在楼上看风景，此时狂风四起，我们侧身而立，但是对于远处连廊的感知不会因为角度变化而产生歪曲。

三是颜色恒常性，是指当熟悉的物体颜色由于照明等条件而改变时，我们的颜色知觉趋于保持相对不变的知觉特征。例如，我们依然在楼上看风景，楼下的红色玫瑰不会因为光线的干扰，而让我们认为它是五颜六色的。

为什么知觉会有恒常性？这是因为视网膜接收到的“像”，实际并不包含深度信息，仍然是二维的（仅有宽和高两个维度）。大脑在接收信息后，会根据经验补全深度信息，构造三维世界。

人们经常采用的知觉线索主要有两种：一种是双眼线索，是指双眼共同提供视空间深度知觉的线索，强调双眼的协调活动中所产生的反馈信息；另一种是单眼线索，是指单凭一只眼睛可利用的、用于感知深度知觉的线索，包括视觉对象的相对大小、遮挡关系等。

深度知觉的感知能力对我们的生活十分重要，这种能力是怎样产生的？心理学家沃克（Walk）和吉布森（Gibson）在1960年设计出著名的“视崖实验”（visual cliff），用来研究人类的深度知觉是后天习得的还是天生的。

这个实验的关键道具是一张1.2米高的桌子，其顶部是一块透明的厚玻璃。桌子的一半是用红白图案组成的桌面（作为浅滩），另一半则仅有透明玻璃，透过玻璃可看到位于桌面下方地板上同样的红白图案（作为深渊）。有36名年龄在6~14个月之间的婴儿参与试验。每个婴儿被放在桌子的中间板上，研究人员让母亲在桌子的“深渊”一侧呼唤自己的孩子。实验结果显示，6个月左右的婴儿均拒绝穿过“深渊”。不过由于6个月以下的婴儿不具备自主运动能力，并未纳入参与者范畴。也就是说，参与实验的婴儿至少已有6个月的生活经历，可能已通过各种尝试学会了对深度知觉的感知。因此实验并不能证明深度知觉来自先天还是后天。

此外也有心理学家发现，人类的深度知觉会受到文化背景的影响。比如对于一些从小生长在茂密热带雨林里的部落居民来说，由于其生存的环境非常封闭狭小，缺乏对距离与物体之间关系的经验和印象，如果给他们看有关深度知觉的图形，他们通常会产生错误的判断。

第五章

学习与记忆的奥秘

吾尝终日而思矣，不如须臾之所学也。

——荀子

学习是人类伟大的灵性。我们通过学习，可以掌握前人积累下来的知识、道理、思想、观点、看法、经验、教训等。人与动物的最大不同之处就在于此。动物不具备学习能力，而人类可以坚定、持续以及有选择地学习。我们中华民族的优秀美德，正是喜欢学习、愿意学习和会学习。《论语》中提到“学而时习之，不亦说乎”，指的就是中国人的学习更强调勤奋刻苦、尊师重教，以及对知识的吸收理解和学以致用，而西方人的学习则更强调辩论式学习、评价式学习，以及学习使自身产生的认识和对真理的追求。

那么心理学如何认识学习？心理学家认为，学习是通过经验和训练产生行为、心理相对持久变化的过程。心理学强调学习是有变化的，比如当我们为了上一堂好课而走向教室时，走路会更快一些，这就是学习导致的一种好变化。

除了行为上的变化，我们的心理也会发生变化，包括思想、情绪和感受等，这些都可能是学习的结果。有些变化是先天而来，比如孩子的生长发育、走路等都是自然产生的现象，并不需要学习。但是，如何走得顺利、走得优美，是需要后天学习的。中国古代有个故事叫邯郸学步，讲的是一个人一味地模仿别人，机械地学习如何走得优美，反而导致自己忘掉了先天走路的本领。

学习中的变化有一个很重要的特性是相对持久，能促使大脑的某些区域发生改变。在过去很长一段时间内，人们相信大脑的连接是固定且不会发生改变的，只会随着时间的推移慢慢退化。然而当今越来越多的研究表明，只要我们保持学习，大脑其实从未停止过变化。这些变化主要体现在神经元层面形成新的连接，新连接会改变已有的突触内部结构。可以预见，当我们变成某个领域的专家时，负责这个领域的大脑区域皮层会不断长大。

刺激与反应

心理学家提出的学习理论通常分为两类，一类是关注行为变化，另一类是关注心理变化。在关注行为变化的学习理论中，最著名的是“联想理论”（association theory）。第一位对“联想理论”做出贡献的学者是行为主义心理学家桑代克。他提出了“联结理论”（connection theory），认为人类的学习是在刺激和反应之间建立联系的过程。前面提到的“饿猫迷笼”实验可以解释这种联结，即猫已经建立了刺激（各种机关）和反应（逃出迷笼）之间的联系。

另外，根据大量的研究，桑代克还提出了学习的三个定律：一是“准备律”，是指学习者在学习开始时的预备定式，属于动机范畴。二是“练习律”。该定律有两种形式：第一种是指联结的应用，会增强其力量；第二种是指联结的失用，不练习会导致这一联结的减弱或遗忘。三是“效果律”，是指决定学习的最重要因素是机体的行为后果，即凡是带来满意后果的行为会被加强，而带来烦恼后果的行为会被削弱或淘汰。

根据事物刺激与反应之间的联系做出系统研究的心理学家是俄国生理学家巴甫洛夫（Pavlov）。他针对刺激与反应之间联系的过程，做了一系列有趣的实验，并发现了动物和人类学习的一些基本规律，其中最有名的研究是狗对食物的一种反应。在研究狗的消化现象时，巴甫洛夫观察到狗的唾液分泌是对食物的一种反应特征。他进一步对该现象进行研究，通过把食物显示给狗，来测量其唾液的分泌情况。在这个过程中，他发现如果随同食物反复给狗一个中性刺激，即原本不会引起唾液分泌的刺激（如铃响），狗会逐渐“学会”在铃响时分泌唾液，即使并没有食物。巴甫洛夫认为，在很多情况下，人和动物都有一些自动自发的天然反应，这种反应叫作“无条件反射”（unconditioned response），引发这种无条件反射的刺激物（比如给狗准备的食物）被称为“无条件刺激”（unconditioned stimulus）。

如果我们把中性刺激与无条件刺激联系起来，也会产生一些自发的反应，这种反应被称为“条件反应”（conditional response）。把中性刺激与无条件刺激结合起来，产生出条件反应的刺激，则被称为“条件刺激”（conditional stimuli）。换句话说，人和动物会对无条件刺激产生无条件反射，但是如果结合某些中性刺激，通过学习过程，也会产生条件反应，而学习本身正是对中性刺激形成条件反应的一种努力过程。

如何让一个条件刺激产生出条件反应？巴甫洛夫和其他的研究者发现，中性刺激和无条件刺激的呈现一定要有合理的时间间隔，大概在半秒到 5 秒之间。也就是说，当一个中性刺激和无条件刺激在一起时，二者的呈现保持在适当的时间间隔内就可以形成条件反射。在巴甫洛夫所做的狗和食物的实验中，狗对于食物是一种无条件反射，食物是一种无条件刺激，铃声作为一种中性刺激，当食物和铃声出现的时间间隔适当时，会形成条件反应。

那么人们能否形成一种无意识学习，即能否通过中性刺激和无条件反射、无条件刺激的匹配，从而让我们在无意识的状态下产生联系？实际上，人们对一些条件刺激的偏爱正是无意识学习的结果。心理学家发现，条件反应并不会一直存在，这就是我们学习中的“消退效应”。在相同的情况下，如果仅给出条件刺激，而不给出无条件刺激，条件反应会逐渐消失。当然，巴甫洛夫和很多研究者也发现，当条件反应消失后，如果我们再给予这类反应以无条件刺激，仍旧可以将其恢复。

同样，条件刺激也会产生一种泛化现象。也就是说，人或动物在面对与条件刺激类似的其他刺激时，也会产生条件反应。比如大家常讲的“一朝被蛇咬，十年怕井绳”，是指我们对蛇的一种条件反应，会变成对井绳的条件反应，这就是泛化的结果。再比如，很多人对娃娃脸有偏好，当我们看到一个成人长着一张娃娃脸时会喜欢，这其实是我们对婴儿偏爱的一种泛化反应。

另外在通常情况下，人们对条件刺激会产生一种辨识或辨别效应。比如，当我们把一千赫兹的声音和食物联在一起，再将九百赫兹的声音与食物联在一起时，一开始我们会对这两种声音都产生辨别，但是很快我们会出现辨识反应,即仅对一千赫兹的声音产生条件反应。

心理学家还发现，人和动物能够产生高级的条件反应，即一些强的条件刺激可以变成无条件刺激。比如，当心理学家将声音和食物进行匹配，动物和人会对声音产生条件反应，并且该条件反应会引发其他条件刺激的泛化作用。此时如果我们在声音之前，再加上灯光，当灯光出现时，人和动物也会产生条件反应。

总体讲，巴甫洛夫的“经典式条件反射理论”可以解释人和动物的学习问题，但是有一定局限性。就像所有的行为主义理论一样，它更多关注的是机械式的刺激和反应，并没有分析、理解和考虑人的主观意识，而人经常做的，则是一些在大脑指导下的有意识的行动。这种有意识的行动被心理学家斯金纳称为“操作”。

斯金纳认为，人类的学习更多地依赖“操作性条件反射”，即在没有任何能观察的外部刺激情境下的有机体行为。这种行为是自发的，代表着有机体对环境的主动适应，并由结果所控制。比如，当一个人考得好时，会很容易学得更好；反之，如果考得不好，会很难保持学习的积极性。为此，斯金纳设计了一系列实验来验证其理论，斯金纳箱就是在这种研究范式下的重要设计。

强化

强化是一种增强反应频率的方法，会导致行为的增多和频率的提高。斯金纳提出了“正强化”和“负强化”两种形式。正强化是指奖励我们喜欢的事情。比如妈妈想让自己的孩子好好学习，正强化就是给孩子以积极的鼓励甚至物质奖励；负强化是指排除一些负面结果出现的可能性，比如如果孩子好好学习，妈妈就不会把电视关掉、不会不让看球赛等。

需要注意的是，负强化很容易和惩罚相混淆。惩罚是为了降低某种行为出现的频率，分为正惩罚和负惩罚。举个例子：如果妈妈不希望孩子上课睡觉，正惩罚会直接提供一个令人讨厌的负面刺激，比如“如果上课睡觉就打你”，这就是提供负面刺激产生的惩罚作用；而负惩罚则是移除一些令人喜爱的正面刺激，比如“如果上课睡觉，就不许晚上看球”等，这是把孩子喜欢的事物进行剥离，使其产生惩罚的作用。

通常情况下，强化会受到呈现次序的影响。心理学研究发现，如果及时强化产生的学习效果更好，如果延迟强化产生的学习效果则较差。还有一种重要的发现是，无序的、不规律的强化有时反而容易导致积极的结果，而有规律的、有秩序的强化很容易导致厌倦和无效的结果。另外，强化还可分为一级强化和二级强化。一级强化是指满足人和动物的基本生理需要，如食物、水、安全、温暖性；二级强化是指任何一种中性刺激，如果与一级强化反复联合，会使自身具有强化的性质。

当然，人类的学习还可以通过其他方式来实现。斯坦福大学著名心理学家班杜拉就曾提出，观察是学习的一种有效途径。另外，由于人类有广阔的镜像神经元，我们能够理解并模仿别人的生理、心理和行为的反应，从某种意义上讲，模仿是我们人类的天性，也是一种有效的学习方法。

班杜拉曾设计了一个经典的心理学实验，是请孩子观察大人对待波波玩偶的行为。这就是著名的“波波玩偶实验”。

经典实验 | **攻击性行为可能是模仿他人行为的结果**

在“波波玩偶实验”中，班杜拉让斯坦福大学幼儿园里年龄介于3~6岁之间的36名男孩和36名女孩，同时观看一位榜样殴打一个波波玩偶。控制组、第一实验组和第二实验组各包括24名儿童，分别观看攻击性行为和非攻击性行为的影像。第一实验组和第二实验组再按性别再次分组，分别观看同性榜样和异性榜样。然后将他们置于没有榜样的新环境中，以观察其是否模仿了榜样的攻击性行为与非攻击性行为。实验结论是，观看有攻击性行为的儿童出现了更多的攻击性行为，可见攻击性行为可能是我们模仿他人的行为而产生的一种结果。

这种观察、模仿与攻击性行为之间的关系，已成为社会心理学家关注的问题。现代媒体呈现给人们很多负面且不道德的行为，我们的下一代应该如何认识、理解这些行为？这一现象对心理带来哪些影响？这些是心理学家非常关注的。同样，攻击性行为的社会模仿效应，也是心理学严肃的研究课题。

正是由于人类可以通过观察、模仿来学习，所以班杜拉提出，人的强化除了“经典性条件反射”和“操作性条件反射”所提出的直接强化外，还有一种替代强化，即其他的概念、思想和奖励可以代替直接强化。为什么金钱能产生巨大的奖励作用？正是因为它是一种典型的替代强化。金钱本身并不是人类先天的、有反应的刺激，而是一种条件刺激。它通过与快乐、幸福进行联系而产生一种强化作用。除了替代强化，心理学家还发现人们也通过自我强化来提升学习动机和效果。它主要是通过设定某种目标来体会目标实现后的快乐，并且强调人类的认知和组织的学习理论，以及格式塔心理学家科勒（Kohler）的“顿悟学说”。

经典实验 | 猩猩通过顿悟来学习如何解决问题

科勒设计过一个非常经典的动物实验：萨尔顿是一只雄性猩猩，被限制一上午的时间不允许进食，以保证实验进行时是饥饿状态。研究人员带它进入一个设计好的房间里，该房间的天花板上吊着一串香蕉，高度保证萨尔顿够不到。面对饥饿和诱惑，萨尔顿气得又蹿又跳，一直发出不满的吼声。在离香蕉不远的地上，实验人员放置了一根较短的棍子和一只很大的箱子。萨尔顿看到之后拿起棍子试图把香蕉打下来，可是依旧够不到。萨尔顿变得越来越愤怒，突然它直奔箱子，把箱子放在香蕉的下面，爬上去，轻轻一跃就够到了香蕉。当萨尔顿发现箱子与香蕉之间的关系时，便产生了顿悟，顺利地解决了这一问题，并在以后的类似情境中立刻运用这一经验。由此科勒提出，猩猩是通过顿悟来学习如何解决问题的。

加州大学伯克利分校心理学系主任托尔曼（Tolman）教授是行为主义的重要代表人物之一，在学习理论上做出过突出贡献。他在观察老鼠学习迷宫时曾发现，老鼠是通过不断学习和探索来形成一种对迷宫的认知图形的判断，这种判断能够帮助它解决走迷宫的问题。这就是认知心理学“图式学说”（schema theory）的起源。

另外，人或动物的学习，除了产生行为和认知变化，还会产生情绪的变化。马丁·塞利格曼发现，人和动物在某种情况下，能学习到自己解决问题的方法。他设计了“习得性无助”（learned helplessness）实验，将一只狗放在斯金纳箱中，想看看狗能否学习到逃避电击的方法。研究人员把狗关在笼子里，只要蜂音器一响，就给它以难受的电击。狗被关在笼子里逃避不了电击，当发现无论怎样尝试都不能逃避后，很快变得无助、无奈，躺在地上等待电击。甚至当蜂音器响起后，研究人员把笼门打开，狗不但不逃，反而不等电击出现就卧倒在地呻吟和颤抖。

“习得性无助”是一种因为失去自我控制力而导致拒绝努力的自我挫败思维。如何克服它？塞利格曼发现，如果狗在某一次行动中发现了逃脱电击的方法，这种“习得性无助”会很快得到克服。

记忆

前面提到，学习的一个核心概念是“相对持久的变化”。它是指在学习过程中，我们的大脑会产生相对应的心理活动和心理变化，其中很重要的过程就是记忆。人的自我意识在很大程度上是记忆的产物。为什么失忆的人不知道自己是谁？正是因为他们的记忆系统出了问题。记忆是人们创建、维持、提取与自身过去有关信息的心理操作工具。从某种意义上讲，它是每个人自我意识的核心。

人们大概从何时开始有记忆？心理学家认为，我们从出生开始就有了记忆过程，但是不能记住自己儿时发生的所有事情，这个现象被称为“童年期记忆缺失”（childhood amnesia）。对于自己的最早记忆，大概发生在2~4岁之间，但在7岁以后，早期记忆才能形成有联系、有逻辑和有声有色的故事。

心理学对记忆的研究分为信息的编码、储存和提取三个过程。

信息的编码。它是指我们把感官信息转化成可操作、可使用的心理信息的过程。语义编码是通过词语对信息进行加工，按意义、系统进行分类，或把言语材料用自己的语言形式加以组织和概括，按语义特征编码；表象编码是以心理图像或映象形式对事物的意义编码；

组织编码是按事物之间的联系，根据其所对应的信息进行有组织的分块编码。最常见的组织编码，就是对电话号码的记忆。人们通常会根据某一种规律，把电话号码分成几个组块来帮助自己记忆。

信息的储存。记忆的另一个重要方面是储存。心理学家非常关心人类记忆信息储存的位置，经过多年研究发现，海马是记忆信息储存的重要区域，以及神经化学激素对于记忆储存的重要作用。记忆的储存还受到意识参与的影响。有时候，人们能够有意识地参与到记忆活动中，这就是通常所说的“外显记忆”。比如刻意地记住时代、复述课文内容等，都是对事物有意识地加以记忆。另一些记忆则是“内隐记忆”。它们储存在我们的身体和行动之中，是一种没有记忆的记忆。比如人们不一定说得清如何骑自行车，但是当骑上车时会自动地回忆起与之相关的行动和信息。

信息的提取。心理学家发现，人们可以通过回忆的方式来提取已经储存于大脑中的信息，其中包括：顺序的回忆，根据时间的流向来回顾已经发生的事情；对偶的回忆，通过某个关键词来对应过去发生的某一事情；自由的回忆，让自己不受限制地随意回忆过去发生的事情。人们还可以通过再认以及内隐记忆的方式来实现信息的提取。最常见的内隐记忆方式就是“词干补充法”，该方法通过让参与者完成一个没有完成的词，看其能否准确地补充完整，从而了解其对信息的提取。

增强记忆的方法

心理学研究发现，记忆存在于一定的记忆系统之中。记忆系统包括感觉记忆、短时记忆和长时记忆。

感觉记忆。它是人们对于经历过的各种外在事物的感官系统的记忆。心理学家针对它的存在一直有所争议，直到1960年，心理学家斯柏林（G.Sperling）才发现人有感官记忆并提出了“部分报告法”。大意是，当人们对过去阅读的字句进行全面的回忆时，往往不能记住，但是如果进行部分的回忆，反而能够记住。该方法深刻地揭示出人类看到、记住的内容，其实比自己能够回答的内容要多得多。

短时记忆。人类的记忆不仅有感觉记忆，还有短时记忆。其特点是短暂性和有限性。由于该系统需要随时随地使用，所以容量有限。美国著名心理学家乔治·米勒（George A. Miller）发现，人类的短时记忆能够记住7±2个组块。组块是加工处理若干刺激的意义单位。也就是说，对于那些有意义的信息，我们能够同时记住的仅在5~9个之间。

长时记忆。除了感觉记忆和短时记忆，人类还有长时记忆。很多时候，人们需要记住与生活、工作和学习有关的大量信息。海量的信息如何长时间存在于我们大脑的记忆系统中呢？这是心理学家非常关心的问题。研究发现，长时记忆的一个重要特点是组织性，即所有的信息会按照某种特定的规律、方式和特性来组织。语义网络正是大量信息存在于长时记忆系统中的主要表征形式。它是由各种概念、事物和词汇组成的相互关联的网络系统，当触发其中一个网络系统后，我们就能回忆起与之相关的其他系统。比如前文提过的“海南省”一词，我们会很容易地想到阳光、椰子树、沙滩。

大量信息存在于长时记忆系统中，并非所有的信息都需要被我们提取和使用，由此就会产生遗忘。最早从事遗忘研究的人是心理学家艾宾浩斯。他发现人类的遗忘有一定规律可循，并根据实验结论提出了“艾宾浩斯遗忘曲线”（Ebbinghaus Forgetting Curve），提出我们学得的知识，如果在一天后不抓紧复习，仅在大脑中留下原有内容的30%，而复习的次数越多、时间越长，记忆的保持越久。另外，学习之后的时间越长，则保持越少、遗忘越多，但遗忘的速度并不是均衡的，不同记忆材料的遗忘速度各有差异。

有人认为，遗忘的产生与干扰因素有很大关系。也就是说，不断产生的新信息，有可能对旧信息的记忆产生干扰，而旧信息也可能对新信息的产生进行干扰，继而让我们逐渐产生遗忘。

“过目不忘”仿佛是每个人梦寐以求的特殊技能，但是忘不掉真的好吗？有研究表明，有时我们甚至会主动选择遗忘。研究人员认为，人类大脑的工作模式有相似的地方。多伦多大学从事神经元连接和机器学习的研究者布莱克·理查德（Blake Richards）说：“我们之所以拥有汲取新经验的能力，部分原因在于我们的大脑能够执行可控的遗忘程序。”他认为，大脑的遗忘能力可以预防一种叫作“过度拟合”的现象。在人工智能领域，过度拟合指的是一个数学模型与编程数据的匹配度过于良好，以至于无法用来预测其他数据。

可以预想到的是，如果一个人对某个事件的所有细节都记得一清二楚，比如被蛇差点咬到的整个过程都记得明明白白，包括当时的阳光、植被状况以及蛇的外形等，被咬的人将很难对这一事件进行普遍化，以防再次被咬。理查德认为，如果我们能删除某件事的旁枝末节，抓住其主旨，就可以移用到新境况中。我们的大脑很有可能特意执行了可控遗忘，从而避免对自身经历的过度拟合。记忆最根本的功能是帮助我们适应环境。它给了我们知识，并不断更新这种知识，而有时的遗忘可以让我们不断进步。

当然，在多数情况下，我们不能忽视记忆的重要性，有什么方式能帮助我们有效地提升呢？当前有很多心理学家在研究相关的策略。比如有人提出，练习的时间越长，记忆的效果会越好。还有人提出，语义加工的能力能够帮我们进行有效的记忆。另外，利用位置、减少干扰、环境的恢复等方式也能帮我们提升记忆。心理学家发现，在一个熟悉的环境中回忆过去的事，往往比在陌生的环境中要容易得多。

行动也能帮我们进行有效的记忆。试想一下，我们的先祖在恶劣的生态环境下，能够记住周围的事物，一定是在行动之中。众所周知，运动有利于身体健康，而麦克马斯特大学的一项新研究指出，运动的另一个重要好处是可以促进我们记忆力的提升。这一发现或许可以缓解诸如痴呆、阿尔茨海默病等日益严重的灾难性疾病，在人口老龄化社会中造成的难题。清华大学心理学系已故教授赛斯·罗博思（Seth Roberts）曾做过一项有关运动对人们记忆外语单词是否有帮助的研究。尽管由于他的离世，我们无法得知研究的结论，但可以看出，心理学家对于提高人类记忆的探索始终在推进。

第六章
神奇的思维

把时间用在思考上是最能节省时间的事情。

——诺曼·卡曾斯

“思考是为了行动”，正是心理学家对思维重要性的最好概括。心理学认为，思维是人类认识世界的最高级形式，可以借助语言、动作和概念，来概括和理解周围的世界。思维的核心目的是行动。人类想事情，不是简单地去思考，而是为了表达、沟通和应用。

同样，思维可以帮助我们组织信息，通过表象、概念、语言把各种各样的信息整合起来，并且帮助我们加工信息，进行归纳、推理和判断。我国著名物理学家杨振宁先生认为，中国传统的思维方式更多使用的是演绎方式，即根据某个前提或结论来做出无穷尽的推演。但是科学的思维方式，往往需要通过对很多事物和信息的归纳来做出推论、判断和结论，即归纳推理。

思维往往做出超出信息范畴的推演，这就是推论。比如，看见街上有很多人穿冬衣，人们会推论天气的变化，虽然感官知觉只是人的穿衣行为，但是思维可以让我们做出有价值的推论。另外，思维还让我们学会使用信息，从而解决生活中的问题，并帮助我们创造生活中没有的事物，这些都是思维的卓越功能和作用。思维有以下几个重要的组成部分。

生动而形象的表象

思维借助的一个重要心理工具是表象（image）。什么是表象？就是我们对外在世界形成的各种直观的形象。这些形象存在于我们的大脑中，来自生活体验，是我们对外在世界的一种知识表征，其特点是形象鲜明、活跃和具有动感。

表象是由人的感官系统产生的。比如，每个人头脑中都有一个自行车的表象。这个表象有两个轮子、两个把手，有横杠，有后座，还有铃铛的声音，骑起来有风驰电掣的感觉。由此可见，表象是生动而形象的。一些人有非常优秀的表象思维能力，当体现在文学和艺术上，我们称之为形象思维。简单讲，就是根据各种各样的表象来进行理解、分析、推论，进而创造。

经典实验　表象具有可操作性

心理学家库珀（Cooper）等人做过一项心理旋转（mental

rotation）实验。在实验中，研究人员给参与者呈现一个旋转角度不同的字母 R，有时是正写的，有时是反写的，参与者的任务是判断字母的方向。实验结果表明，当呈现字母垂直时（0 度或 360 度），参与者的反应时最短；随着旋转角度的增加，参与者的反应时也随之增加；当字母旋转 180 度时，参与者的反应时最长。参与者在进行实验任务时，会对表象进行一系列心理操作，他们倾向于把倾斜的字母在头脑中旋转到垂直的位置再做出判断。

清华大学（老）心理学系教授也是最后一任系主任周先庚先生，当年在斯坦福大学学习心理学时的博士论文，研究的就是汉字的心理旋转，它需要参与者运用自己的心理表象旋转能力来完成。

那么表象与思维是何种关系呢？表象是感知与思维过程的一个中间变量，它比我们的感觉更加概括，比思维更加形象。在很多情况下，我们在感知以后往往会形成一种印象，在印象形成以后，大脑会产生概念，在概念形成以后，才能进行抽象的思维分析和判断。

伟大的想象

思维借助的另一个重要心理工具是想象（imagination）。它是利用人类记忆中已有的各种各样的表象去加工、改造和创造新的形象。虽然想象是人类重要的心理工具，但是随着年龄的增长，想象的机会会变少。

想象主要有四大作用：第一是预见作用。想象可以帮我们预见未来，通过自己的创造来推演未来。比如在上大学时，我们想象自己从学校毕业进入职场。第二是弥补作用。它能够补充知识和经验的不足。很多时候我们对一些事物没有切身体会，比如站在悬崖边上的感觉，这种体验只能通过想象来完成。第三是替代作用。很多时候我们不能直接去做一件事，想象可以帮助我们设身处地地体会别人的感受，比如朋友生病做手术，我们可以通过想象体会他所感受到的伤痛。第四是生理调节作用。比如当我们孤独时想象亲友团聚的场面，当我们寒冷时想象热火朝天的体验，这些都是调节身体反应的重要心理功能。

那么想象如何进行呢？

想象有四种方式：一是联合，把各种不相关的事情联合在一起，比如将美女与鱼进行联合，想象出美人鱼；二是夸张，可以夸大事物之间的比例、形状、关系，比如通过想象将人的肢体比例想象得异常高大，构造出巨人；三是典型化，通过深化事物的典型特征，达到想象的目的，比如鲁迅笔下的祥林嫂即为旧中国农村劳动妇女的典型；四是联想，从一个事物联想到另一个事物，比如我们看到流淌的溪水便会感慨逝去的青春年华。

新西兰奥克兰大学研究者博·甘布尔（Beau Gamble）等人的研究发现，想象与心理健康有紧密的联系。积极想象能够让人们的未来生活更加积极、健康，但对于悲观的抑郁症患者来说，他们想象中的未来似乎更加暗淡。

研究人员首先要求参与者列出他们规划的短期、中期和长期目标，然后要求其为每个时间段选择两个重要的目标，花三分钟的时间想象每个目标实现时的具体情景，并对这些未来的情景做口头描述。为了衡量积极想象的作用，参与者需要完成一些心理评估问卷，包括幸福感和抑郁问卷等。除此之外，参与者还需要对每个目标的可实现性、重要性，以及每个目标会唤起的快乐或悲伤进行评级打分。两个月后，他们会再次填写问卷并报告目标进展。

实验后的回访显示，那些认为自己的目标可以实现，并且认为达成目标对自己的身份认同至关重要的参与者，在两个月后报告了更多的幸福感，并且会更积极地描述自己的未来。而那些认为自己的目标不太受自己控制，或者不太可能给自己带来快乐的参与者，则显得更加抑郁。研究表明，积极想象未来的能力，能够预测两个月后的心理健康状况。这一发现凸显了目标导向的想象与幸福感和抑郁症状的相关性。

概念——帮你更好地理解世界

人类的思维活动不仅通过表象和想象进行，很多时候还需要依靠概念（concept）。概念是人类形成的对事物本质的认识，主要包括对特征的认识、对区别性的认识。同时概念可以非常具体，也可以很抽象，比如蜜蜂、鲜花、喜悦是具体的概念，美丽、崇高、道德则是抽象的概念。

为了帮助自己更好地理解周围世界、人与人之间的关系，人们在日常生活中会使用大量的概念。概念有以下三个典型的特点。

第一，概念是有层次且互相联系的。美国研究者柯林斯（Collins）等人提出了著名的“层次网络模型”（hierarchical network model），该模型认为概念之间以节点而存在，各节点之间互相联络，组成一个语义网络，存在于我们大脑之中。当触动语义网络中的一个概念时，其他相关联的概念就会由此而生。

比如，如果请你此刻想一个中国的省份，不告诉你省份名称，而是提到阳光、椰子树、沙滩，你会想到哪个省？多数人会想到海南省。因为海南省这个概念和阳光、椰子树、沙滩联系得比较紧密，存在于同一个语义网络联系系统之中。语义网络联系系统对人们生活的影响，在心理学上被称为“启动效应”（priming effect），指的是通过启动某一种概念引发与之相关概念的活动。它是心理学用来研究人类心理影响及因果关系的重要范式。

层次网络模型简洁地说明了概念间的相互关系，但是它所概括的概念间的关系类型较少，因此对说明概念间的关系还有其不足的一面，并且许多研究证实，这种概念结构不一定具有心理的现实性。

第二，概念形成往往由一些定义性词汇来确定。定义性词汇包括本质性定义、差异性定义，可以帮助我们区分不同的概念和事物。比如“人被定义为能够使用语言、具有复杂社会组织的生物”，本质性定义即为一种生物，而差异性定义则是能使用语言、具有复杂的社会组织。

密歇根大学心理学家谭霞灵（Twila Tardif）曾发现，由于英文强调概念的本质性定义，需要不断生成新概念，由此造成了一种语言上的现象叫“名词偏差”。英文单词中有许多名词，究其根本，是因为西方人的思维习惯是强调概念的本质及特性。而中文中有很多“动词偏差”，是因为动词讲的是事物之间的关系。比如在“我在踢球”这句话中，不仅有一个简单的“踢”字，还包括“我”“踢”和“球”三者之间的关系。这就是概念形成背后的文化差异。

第三，概念形成就是形成“原型理论”（prototype theory）。它指的是人们通常根据原型来对概念进行组织。

原型是指一个概念中最具代表性的事物，特别是那些描述自然世界的词汇，往往会有原型。比如一把椅子的原型是什么？多数人脑中出现的椅子，一定是有特色和代表性的，通常是四条腿加一个椅面，这是我们已知的原型。当然，不是所有的概念都有原型，某些社会化概念是很难有共同原型的。比如针对“政治家”一词，每个人想的原型可能不一样，还有“美丽”一词，我们心目中的美人也各有不同。

第七章 解决问题没你想的那么难

生活中最美的部分，不是听来的，不是读来的，
不是看来的；如果你愿意，它是过出来的。
——索伦·克尔凯郭尔

人们如何利用信息呢？这就涉及两个重要的问题，一是问题解决，二是思维判断。

通常解决问题的方法是算术方法，指的是搜索所有可能的解决方案，从而寻找最佳方案。最常用的算术方法，就是人们所说的“尝试错误法”，也称为“机械式的问题解决方法”。该方法通过不断尝试各种各样的可能性，最终找到能够解决问题的方案。

经典实验 | 饿猫迷笼

19世纪，美国行为主义心理学家桑代克（Thorndike）进行过大量的动物实验，其中最著名的就是“饿猫迷笼”实验。实验过程是：

桑代克将一只饥饿的小猫放入一个装有开门设施的迷笼中，把食物放在笼外可望而不可即的地方，然后观察并记录小猫在笼子中的表现。小猫刚刚被放进去时，想用爪子直接抓取笼外的食物，但没有成功。接着表现出极度的不安和逃脱的冲动，竭力想挤出笼子，在笼中乱叫、乱抓、乱跳。在一系列盲目、紊乱的行为中，小猫偶然触到了开门设施，逃出迷笼并取到食物。

在桑代克第二次将小猫放入迷笼后，它虽然仍表现出类似于第一次的多余动作，但会在靠近开门设施的附近活动，并且逃出迷笼所需的时间比第一次短。经过多次重复后，小猫明显地表现出逐步减少错误和盲目动作的趋势。直到最后一次，在它被放入迷笼后，立刻触动开门机关逃出并得到食物，由此完成了开启笼门的学习。

还有一些方法是不需要搜索所有的问题解决可能性，而是根据经验、直觉来选择最有可能成功的解决方案，这就是“启发式方法”（heuristic method）。著名心理学家特韦尔斯基（Amos Tversky）和卡尼曼教授发现，“启发式方法”主要包含两个方面，一个是“代表性的启发式”，另一个是“可用性的启发式”。

“代表性的启发式”是指人们用一些鲜明的形象来帮助自己形成思维和判断。他们曾做过一个有趣的研究，就是让人们判断在过去一年中是被飞机掉下的零件砸死的人多，还是被鲨鱼咬死的人多。如果相信科学数据的话，人们会知道全世界被飞机零件砸死的人多于被鲨鱼咬死的人。但是很多人根据自己的直觉和经验做判断，误认为全世界被鲨鱼咬死的人一定多于被飞机掉下的零件砸死的人。究其原因，启发式思维让人们特别容易想到凶恶的鲨鱼，尤其是从小到大在水族馆中看到的凶猛大白鲨，而从飞机上掉零件是人们很难接触和想象到的。由于有了这种直觉和启发，人们会做出错误的判断。

启发式思维甚至会影响中国人的民族文化认识。比如，由于“阿拉丁”和“阿拉伯”仅有一字之差，并且出自阿拉伯文学代表作《天方夜谭》，很多人会误认为阿拉丁是阿拉伯人。但是，如果我们仔细读《阿拉丁神灯》这个故事，会意外地发现阿拉丁原来是个中国[①]年轻人。

“可用性的启发式”是指任何信息如果很快地进入大脑中，人们会充分利用这些信息并做出简单的判断。它对我们思维的影响是有效且积极的，但也可能犯基本的判断错误。

例如某天你的心情不错，想去外地旅行，排除经济因素，你可能会对乘坐哪种交通工具存在疑问，是坐飞机还是坐高铁？此时，“可用性的启发式”会帮助你做出决定，让你将首先想到的交通工具作为判断依据。如果你首先想到的是飞机，并且是乘坐飞机的舒服度与快捷性，此时会选择飞机。如果你虽然先想到飞机，但想到的是飞机失事的事故，反而更有可能选火车，因为你并不知道火车和飞机哪一个事故发生的概率高，只是依照首先出现在脑中的事情做判断。

那么，到底有哪些因素会影响我们解决问题的方法、过程和效

---

① 故事里的“中国”是位于远东的一个伊斯兰国家，并非历史上的中国。——编者注

果呢？心理学发现，主要有四种：

第一种是知识表征。

如果知识表征的方式不同，解决问题的效果和策略也会不同。知识表征指的是人们对信息的整合和存储。一位专家和一位新手在组织储存信息方面，显然会有很大差别。专家的储存容量比较大、密度比较高，相对而言，掌握的知识体系比较多；而新手的知识储存会比较松散，彼此没有关联，所以不可能存储太多的信息。专家和新手在解决问题方面的差异，就体现在知识表征的差异上。就好比我们想玩乒乓球，去和世界冠军切磋，结果是显而易见的。

第二种是思维定式。

思维定式对于解决问题有巨大影响。思维定式是指人们在解决问题时，常会倾向于用以前曾经成功使用过的策略。我们用过去成功的经验来解决现实问题，在经济学上叫“路径依赖”。它在很大程度上限制了我们对新方法的分析、判断和应用。

法国著名的昆虫学家让–亨利·卡西米尔·法布尔（Jean–Henri Casimir Fabre）曾经做过一个著名的实验。他把许多毛毛虫放在一个花盆的边缘上，让它们首尾相接，围成一圈，绕着花盆的边缘不停地爬。同时在花盆周围不远处撒一些毛毛虫喜欢吃的松叶。法布尔在做实验前曾做过这样的假设：毛毛虫会很快厌倦这种毫无意义的绕圈，而转向它们比较爱吃的食物。让人遗憾的是，它们并非如此。毛毛虫一条跟着一条，一小时过去、一天过去，毛毛虫不知疲倦地绕着花盆的边缘转圈，一连爬了七天七夜，最终因为饥饿和精疲力竭而相继死去。这种喜欢跟着惯常的路线走而导致失败的现象被称为“毛毛虫效应”（caterpillar effect）。

第三种是功能定式。

功能定式是指人们对某一事物的应用，往往局限于它最常用的功能上，而对其他可能的创造性应用视而不见。比如，如果我们认定手机是作为通信工具而存在的，就会限制我们对手机其他功能的挖掘和应用。这也是对创新能力的一种限制。

第四种是证实误差。

在很多情况下，某些固定的心理特性会让我们不愿去全面、系统和有创意地解决问题，往往仅关心那些能够证明自己结论正确的证据，而对那些可能推翻结论的事实视而不见，即“证实误差”。美国著名认知心理学家约翰·安德森（John R.Anderson）曾做过一个有趣的研究：他请两组大学生讨论具有哪种特质的救火员才是优秀救火员。由于两组参与者分别讨论了勇敢的救火员和谨慎的救火员，于是他们得出的结论都分别支持自己的命题，即讨论勇敢的救火员是优秀救火员的参与者，均认为勇敢的救火员是优秀的，而讨论谨慎的救火员是优秀救火员的参与者，则相信谨慎的救火员才是优秀的。

第八章
创造性思维的秘密

现在的一切美好的事物，无一不是创新的结果。

——约翰·穆勒

人类最伟大的思维活动并不是解决问题，而是创造性思维（creative thinking）。它可以让我们创造出以往生活经验中并不存在的形象、事物和方法。清华大学心理学系行为与大数据实验室曾对200年以来人类关注的问题进行了大规模的数据分析和计算，发现从20世纪末期开始，“创造”已成为人类思想交流中最常见的词语之一。

这种创造可以是伟大的创造，被称为“大C”（big creativity），也可以是日常生活中的小创造，即“小c”（little creativity）。伟大的创造来自伟大的业绩、贡献和影响，生活中的小创造则具有不一样的意义和价值。现代心理学家对创造如此关注，不仅是因为它让我们着迷和敬畏，更主要的是它能解决人类21世纪面临的很多问题，比如环境问题、资源困境问题、经济转型问题等。尤其是当中国进入经济转型的新时代，我们必须要进行创造。

除此之外，创造还能带领个人体会到神奇的心流状态。心流的提出者，同时也是积极心理学奠基人之一的米哈里·契克森米哈赖，因为经历过“二战”的残酷，决心要研究人类幸福的秘诀。他认为创意工作者（比如艺术家、画家和音乐家）长期辛劳地投身于那些不大可能带来名声或财富的项目，一定有原因。一位作曲家曾告诉契克森米哈赖，当创作进展顺利时，自己会体验到一种狂喜，那是一种不需要思考、会忘记时间、让音乐自己“流出来”的状态。同样，运动员、诗人、象棋选手也向他表达了相同的感受。由此，契克森米哈赖将这种完全沉浸其中、毫不费力、聚精会神的入迷状态称为心流。后续发现心流并非艺术家专有，只要全身心地投入工作、爱好或关系中，每个人都能体验到。

那么创造有哪些心理表现和特点呢？主要体现在“4P”上：第一，性格（personality），是指有创造才华的人到底有哪些特点，哪类人才适合做创造性工作；第二，产品（product），是指哪类产品具有创造精神；第三，过程（process），是指创造性思维的过程有哪些特色、规律、表现形式以及调节方法；第四，场所（place），是指什么样的环境、条件和组织结构更有利于创造。

我国著名科学家钱学森先生曾语重心长地询问，为什么中国大学培养不出一流科学家，也没有获得诺贝尔科学奖的国际大师。其实这不仅是教育问题，还是心理问题。我们要从创造性人格、创造性思维过程以及创造性的文化组织等方面来进行整体分析。

另外，对创造人才的关注、崇拜和着迷，让人们提出了很多有意义的理论。精神分析创始人弗洛伊德认为人类的创造力来自无意识冲动，创造人才一定有其神奇和与众不同之处。英国著名人格心理学家艾森克（Eysenck）曾研究创造人才的人格特点，发现他们具有不一样的人格特性，艺术类创造人才往往会幻想多、冲动多，情感的敏感性强，狂躁，对他人持有怀疑、冷漠、不友好的态度及拥有严重内向的性格特征。这种分析结果，反映的是精神分析理论的影响。

而美国心理学家吉尔福德（Guilford）则认为创造人才不应该如此冷漠奇怪，一定还有其他的人格特性。经过多年的追踪研究，他发现创造人才还有很多积极的人格特点，比如高度的自觉性和独立性，不随波逐流，有旺盛的求知欲，对新事物充满好奇，对事物的运行机制有深刻探究的动机，知识面广泛，善于观察，讲究条理，有丰富的想象力，敏锐直觉，有卓越的文艺天赋和幽默感，意志品质出众等。

近几年的神经心理研究发现，爱因斯坦的卓越并不是因为其大脑结构与普通人不同。普林斯顿大学的病理学家把爱因斯坦的大脑分割成 240 片进行解剖学分析。他们发现除了其左半球第 39 区神经细胞与胶质细胞的比例，比其他科学家及普通人的比例小一些以外，其他方面并无明显差别。由此，比较合理的解释是，爱因斯坦大脑的新陈代谢比其他人快，也就是说，大脑用得越多，会变得越好。

如何判断一个事物具有创造特性呢？心理学家提出了“二维度理论”。该理论指出，判断一个事物是否具有创造性，不仅要评估其是否有新意性，还要看其是否有适用性、具有一定的功效，能够满足人们的基本需求。所有具备创造特性的产品，一定是如上两个特性的综合。新意性通常用英文单词 originality 来表达，适用性则用 utility 来表达。我把它们结合起来，形成了全新的概念“OU 效应”，也就是“恍然大悟效应”。

清华大学心理学系行为与大数据实验室曾经对新浪微博 2013 年所公布的上万条微博进行分析，发现用“二维度理论”能够很好地判别这些微博是否具有创造精神。这两个维度，一个是通过其所用词汇的新意程度来表达，另一个则通过其表达的概念之间的紧密关联来表达，即一个是广度一个是深度。而且广度和深度的层级形成了思维密度，而思维密度正是我们测量产品创造力的一个重要指标。

创造性思维又有怎样的特性呢？心理学家认为主要有三方面：一是独特性，它是指我们能够想出别人想不到的方案，在解决问题的方法上与众不同；二是流畅性，在单位时间内，我们可以想到很多有关联的、有意义的事物；三是变通性，它是指在环境条件发生变化时，我们有其他的替代方案。

美国著名心理学家托兰斯（Torrance）曾针对人类思维的如上三个特性发明了相关测量工具，即“托兰斯创造思维测验”（TTCT）。该测验于 1966 年编制而成，是目前应用最广泛的创造力测验，适用于各年龄阶段的人，主要考查流畅性、灵活性、独创性、精确性这几个变量。测验构成为言语创造思维测验、图画创造思维测验以及声音、词的创造思维测验，并且均以游戏的形式组织和呈现，测验过程轻松而愉快。

多年的心理学研究证明，创造力并不是天才所独有的，而是每个普通人都能具备的思维能力。它也是一种思维的过程、风格和方法。我们可以尝试做如下训练来提高自己的创造力：一是想方设法地提高敏感力。敏感力是创造力的最基本要求，我们可以尝试走出自己的家园、教室，在熟悉的周围环境中，寻找过去几天没有注意到的一些新事物，从而提高自己的敏感力。二是锻炼自己的变通能力。想象一下，我们来到一个陌生的国家，在没有翻译和同伴的情况下，有什么办法能帮助我们克服语言和文化的障碍？如何顺利地生活、谈判和工作？这是对我们的变通能力非常好的锻炼。

还有其他一些锻炼方式，比如我们可以想象一些与众不同的事物。当看到圆形事物，我们会想到什么？有人会想到一些具体的事物，如锅盖、瓶子等，还有人会想到一些不具体的抽象事物，如年轮、时间、生命、宇宙等，这些与众不同的想象，可以帮助我们突破平常的思维局限。我们还可以重新挖掘自己儿童期的好奇心。比如想象天上的白云、周围的树木，或是生活在另一个星球上，穿越到其他时代等。锻炼好奇心，也是提升创造力的好方法。

另外，很多现代人会时常感到生活单调、乏味无聊，并且认为这种状态给自己造成情绪低落，更严重时甚至造成抑郁。但是有研究证明，单调、乏味无聊的状态会改善创造力水平。2012 年，美国加州大学心理学家玛丽·爱莫迪诺－杨（Mary Immordino-Yang）教授发现，有些人在乏味无聊的时候会进行自我反省。这一向内思索的过程，会使他们的焦虑得以缓解，变得更加积极。

乏味的放空状态甚至可以帮助改善记忆。英国普利茅斯大学心理学教授杰基·安德拉德（Jackie Andrade）比较40位参与者对枯燥无聊信息的记忆，并分析他们是如何记住一分半钟沉闷的电话留言细节的。研究人员发现，那些感到乏味以至于胡乱涂鸦的人反而比正襟危坐的人记住了更多信息。

乏味无聊的状态还会使人产生帮助他人的倾向。研究发现，一些人如果无聊到认为自己的生活毫无意义，反而会促使他们参与到“亲社会行为”（prosocial behavior）中。利默里克大学心理学家维南德·凡·蒂尔堡（Wijnand van Tilburg）发现，感觉无聊的人不常会因为一些乐趣而分心，他们会更有动力去做更有意义的事情。

第九章

什么是意识和自我意识

痛苦与幸福的区别，只在于你如何看待它们。

——萨农·萨尔斯博格

意识是人类生活中非常重要的一个方面。我们每天都要想想自己在什么地方，做什么，为什么要做这样的事，甚至还要想想我们是谁，从哪儿来到哪儿去。这些都是人类所关注的意识问题。

意识也是科学家、艺术家、哲学家、思想家、文学家关注的重要问题。中国古代有一个著名的书生叫庄周，常常思考人到底是活在梦幻世界，还是活在真实世界？这就是著名的“庄周梦蝶”的故事。还有一位西班牙艺术家达利（Dali），发明了魔幻现实主义，他把人的意识、梦境及现实的知觉混合一起，创造出一种神奇的艺术世界。科学家也非常关注意识问题，《科学》杂志曾在其创刊125周年之际，评选出人类必须面对的125个科学未解之谜，排第二位的就是意识。

意识的特性

心理学领域中的意识，是指我们对自己主观体验的觉知，包括感情、思想和行动。在心理学发展的早期阶段，意识曾成为研究的核心问题。虽然从行为主义出现后，心理学家开始关注人类的行为，但是从20世纪60年代开始，心理学家又重新发现了意识的重要性，再次对其展开研究，并在意识的生物学基础以及文化差异上做了很多研究，并针对一些与特殊意识有关的心理现象做了分析。

意识心理学有个很重要的问题，就是意识与身体之间的关系。法国哲学家笛卡尔说“我思故我在”，指的是意识一定要借助自己的身体来进行。心理学家劳伦斯·巴斯劳（Lawrence W. Barsalou）也发现，人类的意识不仅存在于大脑皮质中，也存在于身体的其他部位中。

生理体验与心理状态之间有着强烈的联系。生理体验激活心理感觉，反之亦然，这叫作“具身认知”（embodied cognition）。具身认知是一种我们对周围世界认知的方式，可以生动地解释为什么我们在大学读了四年书和在家看了四年教材，是完全不同的经历和收获，也可以解释为什么我们最好到清华大学的荷塘来读《荷塘月色》、到湖南的岳阳楼来读《岳阳楼记》。同样地，不仅是环境会影响我们的心理，当我们的内心焦虑、不安或紧张时，胃可能会不舒服，头胸腹背会痛，甚至可能出现高血压或者出一些湿疹，这些心身疾病体现出心理感受对生理的影响。

心理学家通过很多有趣的研究，发现人类的概念其实和行动紧密相连。比如有研究发现，当我们点头时，我们更容易相信这个概念的意义；反之，当摇头时，我们更容易怀疑它。另外，某些社会概念也会导致具身的意识。比如当我们在想“老年”这个概念时，自己的言谈举止会变得迟缓；想“年轻”这个概念时，我们的行动、姿态和表达方式，也会变得生机勃勃。

由概念引发的个体相应反应被称为“启动”，最早的启动实验是关于单词与人的行动速度的。美国认知心理学家约翰·巴奇（John Bargh）、马克·陈（Mark Chen）和拉拉·伯罗斯（Lara Burrows）设计了一个实验。研究人员在距离实验室门口约10米的走廊上贴上一条银色胶带，以测量参与者离开时走过这段路程的时长。研究人员将参与者分成实验组和对照组，要求他们将一些单词重新排列，实验组参与者需要在排列单词时产生相关的联想，对照组则不做此要求。单词类似于宾果游戏（bingo）、佛罗里达州（Florida）、针织品（knits）、皱纹（wrinkles）、痛苦（bitter）和单独（alone）等，最后比较两组的步行时间。结果表明，实验组走得比对照组慢，纸页上的单词让他们的举止像老年人。

从某种意义上讲，文化也有具身的意义。中国人的文化意识不仅体现在教材、概念或一些形容词上，也包括很多身心相连的反应，并且会反映在文化资本的存在形式上。法国社会学家皮埃尔·布尔迪厄（Pierre Bourdieu）曾提出，人类的文化资本有三种表现形式，除我们熟悉的社会资本和经济资本之外，还有第三种资本，即文化资本。它由我们的教养、谈吐举止及相貌所决定，是人通过教育与学习形成的身体、精神和行动三位一体的表现。

文化资本融合并塑造着我们人本身，具有十分广泛的影响，比如文化到底如何影响人们感知和理解契约关系这一问题，涉及管理学、心理学和法律等广泛领域，我曾为此做过一项关于文化和契约关系的研究。研究的问题是，在西方文化背景下的法律，能否成功地减少不同文化背景下非法律专业人士对商业交易的理解偏差。这次研究采用的是实证研究方法，通过探索人们在进行契约判断时的心理，最终发现在一些真实场景中，不同文化背景的当事人对潜在契约交易的杠杆作用和关系有着完全不同的看法。美国人更倾向于认为交易双方对所发生的事情负有同等责任，而中国人则更倾向于认为交易中其中一方负有更大的责任。结果表明，人们接受并理解契约关系受文化驱动。美国人比中国人更有可能通过参考交易双方的内部特征来评估商业互动关系，比如意向，而中国人更有可能去参考交易双方的外部特征，比如道德。

那么，人类的意识又有怎样的特性呢？

第一个特性是主观性。主观性指的是人在很大程度上会受到自己的体验、心得的影响。曾有一个著名的心理学实验，是请大学一年级的女生去面试同校男生。在面试男生之前，心理学家在这些女生的脸上点了特别大的黑痣，然后请她们对着镜子观察一下自己的黑痣。女生并不愿意让自己的脸上有痣，但又不得不按照心理学家的要求去做。她们不知道的是，在迈出实验室大门时，心理学家拦住她们并称其脸上的痣有移动，必须用定妆水来固定，实际是用一碗清水帮她们把黑痣抹掉了。当完成面试任务时，很多女生都提到，刚才面试的男生非常不礼貌地盯着自己脸上的黑痣，可见黑痣并不是在脸上，而是在心中。中国传统文化讲“心中有佛，眼中见佛”，指的就是我们意识的主观性。

第二个特性是选择性。在很大程度上，我们会选择关注那些自己认为应该关注的事物。在熙熙攘攘的闹市中，如果有人突然从背后喊出我们的名字，我们会马上意识到并回头交流。

第三个特性是强烈的连续性。前面提到，机能主义心理学家威廉·詹姆斯依据人类意识的连续性提出了“意识流”。由于意识本身并不表现为一些割裂的片段，而是处于流动之中，所以像锁链或列车这样的字眼并不能恰当地将其描述出来，而河或流则可以比较逼真地进行描述，于是有了“意识流”这个概念。

第四个重要特性则是自发性和主动性。意识由外在的刺激和概念不断启发而来，这种自发主动性，可以用著名的心理学现象“斯特鲁普效应”（Stroop effect）来演示。它是指在心理学中优势反应对非优势反应的干扰。例如，当参与者被要求回答有不同颜色意义的字体的颜色时，回答字本身的意义为优势反应，而回答字体的颜色为非优势反应，若字体颜色与字意不同，参与者的反应速度往往会下降，出错率上升。由于优势反应的干扰，个体难以迅速且准确地对非优势刺激做出反应。

梦、睡眠与冥想

意识的存在可以通过不同方式来表现。最常见也是人类最好奇的意识现象就是梦。梦是心理学最早研究的问题。弗洛伊德对梦的分析做了很多原创性工作，至今仍有一定影响。不过从 20 世纪 60 年代开始，心理学研究发现，梦其实是睡眠中的一种特殊生理现象。梦境虽然具有很大的主观性、选择性及文化差异，但其机制是普适性的。

睡眠又是什么生理、心理现象呢？心理学家已发现睡眠由五个不同阶段来完成。第一阶段，睡意来临；第二阶段，浅睡；第三阶段，深度睡眠；第四阶段，西波或慢波睡眠；第五阶段，快速动眼睡眠。从第一阶段到第五阶段，每一循环大约 90 分钟，每晚大约经历 4~6 个循环。在第一次循环中，快速动眼睡眠阶段大约仅持续 10 分钟，之后会慢慢增加到 30~60 分钟。这就解释了为什么被闹钟闹醒时，我们会感觉到梦被打断。梦多数会出现在快速动眼睡眠阶段，生动的场景与活泼的脑活动互相应和。

心理学家对梦境有着大量研究，其中有个特别的发现是“清醒梦”。它是指做这类梦的人可以在梦中意识到自己在做梦，并能控制梦境中将要发生的事情。一直以来，人们寻找能够引发清醒梦的方法，但多数没有成功。澳大利亚阿德莱德大学探索出一些潜在的可能性。其研究人员发现，如果参与者在入睡前 5 分钟内使用“智能”的记忆诱导技术，就能控制 46% 的梦境。这种“智能”方法其实很简单，只要对自己不停地说：“在做梦的时候，我会记得我在做梦。”

当前越来越多的心理学家关注睡眠的价值和意义。比如，恢复理论认为睡眠可使人的大脑得到必要的休息；进化理论认为睡眠可以减少人的能量消耗，同时避免受到伤害；等等。总体讲，睡眠心理学已成为近几年的热门课题，并取得了一些有趣的发现，比如前面提到的白日梦。1956年的一项心理研究发现，白日梦的大部分内容为假期、性、浪漫、惊险或外表吸引力等。1958年的一项研究则发现，学生在课堂上有1/4的时间在做白日梦，大部分是关于性的。显然，白日梦反映了个体当下的兴趣与关注领域。

白日梦对人有用吗？有的。它不仅能提升创造力，还能令人兴奋。当我们必须完成某些常规或无聊的任务时，白日梦能帮我们延长瞬间愉悦的时间，更好地达成未来的目标。在白日梦中，我们还可以尝试不同的角色、生活方式和职业，以此来明确未来的计划和抱负。而且通过白日梦来宣泄敌意，可以有效地减少攻击行为。

还有一种特殊的意识现象叫作冥想。冥想是一种来自东方文化智慧的放松技术，根据注意朝向的不同，国际上普遍将冥想分为正念式冥想和聚焦式冥想两大类。正念式冥想强调开放和接纳，要求我们在冥想时，以一种知晓、接受、不做任何判断的立场，来体验自己在此过程中出现的一切想法和感受。聚焦式冥想则强调注意的集中，要求我们在冥想过程中尽力将注意力放在感受呼吸、重复词语（咒语）、想象图像等心智或感知活动上，摒弃其余想法和感觉干扰。目前冥想已成为美国社会几十亿美元的产业，近些年来，越来越多的美国人开始欣赏、研究、修行冥想技术，并认为对自己的生活、家庭和事业有积极的帮助。

控制幻觉与自我认识的误区

哲学中有个概念叫“自由意志”，指的是我们能够意识到自己的欲望、追求和控制能力。心理学则认为，自由意识虽然很有意义，但可能仅是我们心理上的一种期望和寄托。哈佛大学社会心理学家丹尼尔·韦格纳曾发现，人在控制自己的欲望和意识方面有很多困难，甚至有一些不可能实现的现象，其著名的“白熊理论”（polar bear theory）提示我们，如果试图控制自己的意识，反而有负面作用。

经典实验 | 意识能否被控制

研究人员把参与者分成两组，要求a组在头脑中默想白熊，要求b组不要想白熊，过5分钟后互换过来。在实验中，请参与者尽情想白熊的时间，被称为表现期；被禁止想白熊的时间，被称为抑制期。结果发现，一开始就尽情想白熊的a组，在抑制期内，比b组更容易抑制对白熊的想法；相反，从一开始就禁止想白熊的b组，在后面的表现期中，想白熊的次数更多。由此我们可以了解到，抑制某一想法反而会让人执着于这个想法，产生与自己意图相反的效果。

心理学家发现，人们在很多方面都存在控制幻觉，而事实上，我们是很难控制自己的欲望、思想和行动的。当然，控制幻觉不完全是坏事，有时也有一些积极意义。比如，哈佛大学著名心理学家埃伦·兰格（Ellen J. Langer）就曾做过一个有趣的研究，最终发现养老院里的老年人，如果能控制自己日常生活中的日程及安排，对心理健康甚至延长寿命都有积极的作用。

控制幻觉是如何产生的？通常来自人们的自我认识陷阱。研究表明，人们普遍存在过分自信、自大和自恋的倾向。比如很多人相信，只要自己下定决心去做一件事就一定能成功，这就是著名的“自我效能误区”（self-efficacy misconceptions）。在很多情况下，人的成功由天时、地利、人和来决定，并不是单一因素，所以虽然相信自我效能会对人的心理健康有一定价值，但是从理性角度讲，“自我效能误区”经常会被现实验证。曾经被很多人追捧的成功心理学，其本质就是让人们增加无限的自我效能，但是实际上，多数事情并不能仅靠膨胀的自我来应对，而需要依靠各种社会情境来协同合作。

自我认识的误区还有很多。比如“自大效应”（Dunning-Kruger effect），是指人们愿意相信自己对社会的贡献、对他人的帮助比其他人更大。“强烈的不现实的乐观主义”，是指人们相信未来的、正面的事件会发生在自己身上，而不会发生在别人身上。“虚假的独特性”，是指我们往往认为自己的智商、情商和人品要比其他人高很多。心理学家发现，有将近 70% 的人认为自己的智商比 50% 的其他人高很多，有 80% 以上的人认为自己的情商比 50% 的人高很多，有 95% 以上的人认为自己的人品比 50% 的人高很多。“虚假的共识”，是指我们往往用自己的心理和行为习惯去推测他人。比如自己喜欢某位演员，就容易高估人群中喜欢这位演员的人数等。“过分自信”，是指很多人过分相信自己的能力、未来和结果等。

过度自信或自负甚至可能在人际间传染。安德森等人讨论了团队中的谦虚和过度骄傲的情况，揭示了过度自信的偏见可能的发展途径，并首次提出了“过度自信传递假说”（overconfidence transmission hypothesis）。该假说是指个体会依据他所处环境的其他人在群体中表现出的自信，来校准自我评估，即如果我们和过度自信的人经常接触，其盲目的自信就会对我们产生潜移默化的影响，这也意味着过度自信是有人际间传染的可能性的。这一发现有助于解释群体、团队和组织如何形成自己的自信准则。

过度自信有时会导致决策出现灾难性的结果。几年前我回国时，不少人和我提起股市的优秀表现，因为那时是牛市，不管投资什么股票都赚钱。现在很少有人谈股市，因为股市有波动。但其实这是一种非理性的表现，越是在股市低迷时，我们越应该关注股市的变化和发展，避免再次出现过度自信。

自我意识

自我意识也是心理学家最早关心的意识问题之一。心理学界对自我意识的研究经久不衰，对于什么是自我意识，不同的心理学家有不同的定义。我们可以概括地理解为：自我意识是对自我以及其与周围世界关系的意识，包括个体对自我的意识，以及对自我与周围世界关系的意识。

自我意识由两方面来决定，一是主体自我，二是客体自我。主体自我是人类认识自我的过程和对自己行为的调节机制；客体自我是主体作为客观存在的个体所认识到的自我，是个体在与环境、他人之间的作用中产生的。自我意识往往具有多种表达方式，比如自我概念、自我认同，还可以分为个人的自我和社会的自我。个人的自我是指我们对自己的人格、经验、价值和特质的认识及判断；社会的自我是指我们与社会团体的关系、认同感、归属感。

自我是一个非常重要的概念，影响人们心理生活的方方面面。比如，我们的认知往往会产生“自我参照效应”（self-reference effect），当信息与自我概念相关时，会对其进行快速加工并产生很好的回忆。也就是说，我们会对与自己相关的事物记得很清楚，有很好的记忆效果。“透明度错觉”（illusion of transparency）也与自我有关。人们常常认为自己的心理活动会在别人面前表露无遗，别人能看得见。这种错觉的产生，是因为我们会高估他人洞悉我们内部状态的程度。精神分裂症患者的一项诊断标准（思维过程障碍）符合这种错觉表现。

还有“焦点效应”（spotlight effect），是指通过对自我关注的观察，我们可能会高估自己的突出程度，把自己看作一切的中心，并且高估别人对我们的注意度。许多人过度关注自己，误认为自己活在聚光灯下，是群体关注的焦点，但其实别人往往关注的不是他们，而是其言行对自己的影响。

自我对生活、心理有着重要的影响，这揭示出它是文化的产物。不同文化的人对自我的认识、理解和价值，有着不同的看法及评价。这种差异体现在哪些方面？首先，体现在自我支持上。东方人的自我支持往往是情境性支持，而西方人的自我支持往往是个体性支持；其次，体现在自我评价上。东方人的自我评价往往偏向于谦虚谨慎，而西方人的自我评价往往偏向于强化夸张。

美国有句格言是“叫得响的轮子才能得到润滑油”，中国的一句格言却说“木秀于林，风必摧之”。美国得克萨斯州的一家公司为了提高员工的生产效率，要求员工上班前对着镜子说100次“我真漂亮”，而在日本人开的超市，员工在每天早晨都要相互握手并对对方说“你真漂亮”。这些差异都反映出东西方对个人的基本看法的差异。东方文化背景下的人，其自我概念具有互倚性，强调保持自我与他人的相互依存关系，自我的图式涵盖了母亲等较为亲近的人，而西方文化背景下的人，其自我概念具有独立性的特征，强调维持自我的完整性和排他性。

文化差异还体现在“第三人的自我意识”上。我们会关注别人对自己的认识，从自己的角度去推测别人的看法。心理学家多夫·科恩（Dov Cohen）曾询问中国、韩国以及美国的参与者，是否记得别人对自己去年参与的一项活动的记忆和观察？他发现东方人能够记得很清楚，美国人却很少能够记住。也就是说，东方人的“第三人的自我意识”非常强烈，而西方人则相对薄弱。

这种差异还体现在自我相关的动机方面。研究表明，东方人的自我意识在自我谦虚、自我减弱的倾向上非常明显，而西方人的自我意识在自我增强的倾向上非常明显。这种差异表现最明显的方面，就是我们对自尊的认识，也就是说，我们对自身价值和能力的认知。对于与自尊有关的文化差异，已有很多研究加以证明，目前最常用的测量方法就是“自尊量表”，可以测出每个人对自己价值的认识和判断。

偏见和自尊仿佛是水火不容的两个因素，那么偏见归因能保护自尊吗？加州大学圣芭芭拉分校的研究人员发现了这样一种现象，即当人们在面对负面结果的时候，对成为被歧视对象的可能性的感知，能让个人获得对自尊心的保护。

实验过程是这样的：研究人员让参与者设想一下，现在是新学期开始之际，他们需要加修一个专业要求的课程，为此要走进教授的办公室，礼貌地请求其让自己加入课程，但遗憾的是，被教授拒绝了。几天后，参与者向自己的好友提起自己没有被允许加课的事。参与者的朋友给出了教授是“性别主义者”等解释。此时如果参与者认为自己被拒绝的原因是性别主义，其自责程度会比较轻，会更少地把被拒绝归因于内在，并且更少地产生抑郁。该结果推进了我们对于偏见归因能够保护良好情绪状态的理解。

维持自尊会给人们的行为带来很多影响。比如，一个成绩很好、很努力的学生，在考前被人问到复习状况时，常常回答“基本没复习”，这其实是他为了避免失败后给自己造成打击而采取的策略。这种策略被称为“防御性悲观主义”（defensive pessimism）。另一种策略则是“自我设限”（self-handicapping）。人们有时会故意为自己创设一些艰苦条件，让自己无法完成某种行为，从而避免失败。

与自我动机相关的另一种现象叫作“一致性倾向”。通常情况下，人们不愿让别人认为自己言行不一、表里不一，这种维持一致性的动机，正是自我动机中非常重要的一种影响因素。但是有关研究也发现，人们在维持一致性的心理需求方面有很大的差异。东方人长期受到辩证思维的影响，对一致性并不那么关注。另外，东方人对反馈信息的态度，也与西方人不太一样。我们曾发现一个有趣的现象，如果在第一次实验时，为美国学生提供一个与其判断不一致的信息，他们会在第二次实验时出现极化倾向，并试图证明我们的说法有误，而如果给中国学生提供一个不一致的信息，他们多数会同意我们的说法。

提升自我意识

自我意识是如此重要，我们该如何训练、调节、升华和超越呢？著名心理学家沃尔特·米歇尔（Walter Mischel）意外地发现如果一个人从小具有自我调节能力,则可以预测其未来的成功,这就是著名的"延迟满足实验"（delayed gratification experiment）。

经典实验 | 延迟满足能力能够预测一个人未来的成功

研究人员发给4岁参与者每人一颗好吃的软糖，同时告诉他们，如果马上吃，最后只能吃到一颗糖；如果等20分钟后再吃，就可以吃到两颗。实验开始后，有的孩子急不可待，马上把糖吃掉，而另一些孩子则耐住性子、闭上眼睛或头枕双臂做睡觉状，也有的孩子用自言自语或唱歌来转移注意、消磨时光以克制自己的欲望，从而获得了更丰厚的回报。之后的几年，研究人员进行了跟踪观察。他们发现那些以坚韧的毅力获得两颗软糖的孩子，长到上中学时表现出较强的适应性、自信心和独立自主精神，那些经不住软糖诱惑的孩子则往往屈服于压力而逃避挑战。在后来几十年的跟踪观察中，证明那些有耐心等待吃两颗糖果的孩子，在事业上更易获得成功。

为什么延迟满足能力能够预测未来的成功？美国社会心理学家鲍迈斯特（Baumeister）认为，它与我们自我调节的力量有关，这种力量是与我们的身体能量相同的。鲍迈斯特和其他研究人员将饥饿的参与者分成两组，然后拿出胡萝卜条和巧克力糖放在他们面前，一组参与者只准吃胡萝卜条而不准吃糖，因此他们需要进行自我调节，而另一组参与者可以随便吃，不需要进行自我调节。随后请所有的参与者完成一项需要坚持的无关任务，结果发现，之前进行过自我调节的参与者，会更难遏制自己想退出的意愿，更早退出这一任务。

心理学家还发现，自我调节力量的消耗，会带来很多负面的心理影响。自我损耗后的人不仅倾向于浅层认知加工，还会出现认知偏差、低估自己的能力、消极地评估自身对外部环境的控制力以及对未来的预想更为悲观的状况。

那么这种自我调节的力量又该如何增强？心理学家提到两种办法：一是增加自我调节力量的总量，即训练自己做一些平时不太愿意做的事，比如单腿站立或是左手写字等。通过对平时不太愿意做的事情的训练，我们能够学会控制自己、强化自己的能力，从而提升自我调节的力量。二是随时随地对我们消耗的自我调节力量进行修复，比如睡觉、吃饭、听一场音乐会等，凡是让自己开心的事，都是修复自我调节力量的好方式。

第十章

做情绪的主人

心情愉快是肉体和精神的最好卫生法。

——乔治·桑

中国人对情绪有自己独特的认识。古人提到人有七情六欲，何为七情？喜、怒、哀、惧、爱、恶、欲。但是从现代心理学的角度来分析，喜、怒、哀、惧、厌恶是情绪，而爱并不是一种简单的情绪，是复合情绪，即由基本情绪的不同组合而派生出来的情绪。欲望，则是一种和人类的动机相关联的心理活动，并不是情绪。

什么是情绪

人类有很多关于情绪的认识、分析和描述，从科学心理学的角度讲，到底有哪些情绪呢？这就不得不提及情绪的定义。心理学家认为，情绪是我们对内外在刺激的一种主观反应。具体讲，它是一种躯体和精神上的复杂变化模式，涉及生理唤醒、感觉、认知过程以及行为反应，是对个人知觉到的独特处境的反应。这种主观反应，包括人的主观感受是愉快、放松、积极和兴奋，同时也包括客观评价、生理的反应以及与之相关的行为倾向性。

设想一下：一位你心仪已久的异性，突然对你莞尔一笑，你会有怎样的反应？多数时候，你会有心跳加速、面红耳赤的生理反应，同时会有愉快、积极、放松的主观体验，并且会评价一下对方为什么会对自己笑，因为评价的结论不同，情绪的反应也会不同。如果认为对方的笑是因自己而产生的，你可能会开心；如果认为对方的笑是由旁人引起的，你可能会尴尬。所以人类的情绪活动，会由多种元素引起。这些元素既可以通过外部表情来体现，即面部肌肉所表达出的人类心情活动，也可以通过我们身体的姿态、体态、手势和各种各样的行为表现来体现，比如说话的方式、语调、语速和语气等等。

在生活中，很多人误认为情绪与情感是一回事，但其实二者有一些区别。情绪和情感，都是与人特定的主观愿望相联系的整体反应，我们有时将它们统称为感情。但是情绪主要是指感情的过程，以及个体需要与情境相互作用的过程；情感是指具有稳定而深刻的社会意义的感情，具有较明显的稳定性、深刻性和持久性。

我们来进一步探究情绪。情绪是激发人类心理活动与行为的一种强烈动机因素，也是各种心理活动的组织者。正是因为有了特定的情绪，人类才能把相关的心理活动组织在一起，并把它当作人际交流的工具和手段。比如当一个人开心时，常常会喜笑颜开，吸引别人来接近和接触；当悲伤时，则可能会增进与同伴、家人之间的相互关心、陪伴。这些都是情绪的独特价值。情绪还是联结人心的纽带，同仇敌忾、万众一心、共赴艰难，这些人心的联结，都是由我们共同的情绪体验来实现的。

有趣的情绪理论

最早对情绪进行研究的心理学家，是美国心理学奠基人、机能主义的创始人威廉·詹姆斯。他和卡尔·兰格（Carl Lange）提出了著名的“詹姆斯－兰格情绪理论”（James-Lange theory of emotion）。该理论认为，情绪是我们的外周植物性神经系统的一种反应。它颠覆了很多人关于先有情绪才有生理反应的看法，提出正是因为有了生理反应，才有了对这种生理反应的一种知觉即情绪。比如因为我们逃跑，当意识到它后，才产生了害怕的情绪。因为我们身心激动，才会认为自己对某人产生了爱的情绪。

另一些心理学家则相信人类情绪的产生，首先是对丘脑进行刺激，然后传达给大脑，由大脑产生的情绪再传达到内脏、骨骼和躯体的前端，这就是著名的“坎农－巴德情绪理论”（Cannon-Bard theory of emotion）。从某种意义上讲，它纠正了“詹姆斯－兰格情绪理论”的不足，但也不是完整的理论，因为现代心理学虽然已经发现了丘脑对情绪活动有很大的指导作用，但同时发现，大脑皮质才是情绪活动最重要的指令中枢。

到了20世纪70年代，心理学家发现情绪的产生另有重要因素，就是认知判断。他们认为，外在的刺激会引发人的生理反应，但是需要经过认知评估，才会导致相应的情绪活动。其中最著名的理论是“沙赫特－辛格情绪理论”（Schachter-Singer theory of emotion）。该理论认为，人类的情绪一定有评价的成分，同样的生理反应，如果评价不同，情绪体验会完全不同。

另一位对情绪的认知理论做出突出贡献的心理学家，是我在美国加州大学伯克利分校的同事、著名心理学家理查德·拉扎勒斯（Richard Lazarus）。他认为所有的情绪活动都是由评估引起的。评估分为三个阶段：初评价、次评价和再评价。初评价是指初步判断事物的性质，评估其对自己有利或有害；次评价则是指结合外在因素进行外部的总体评估；再评价是指结合内部与外部进行评估。举个例子。当你被告知要临时加班时，初评价的结果可能是“加班让我产生厌恶情绪”。当得知加班所需完成的工作并不多时，你的次评价可能是“自己可以很快地完成工作”。再评价则会得出“这次加班不值得我生气”的最终结论。

认知评估是人们情绪活动的重要因素，也是决定情绪体验的重要因素。中国古代曾有一个有趣的说法是“人生四大喜事：洞房花烛夜、金榜题名时、久旱逢甘霖、他乡遇故知”。这些事情虽然是喜事，但是如果评价不同，则会产生不同的情绪体验。比如虽然是“洞房花烛夜”，却是隔壁人家的事，与自己无关；虽然是“金榜题名”，可惜不是自己。由此可见，评价是决定情绪活动的重要因素。

还有一个非常重要的情绪理论，是由达尔文提出的“情绪进化理论”。他认为人类所有的情绪活动是6000万年进化的产物，每一种情绪都是我们进化选择而来并有利于生存适应的有效工具。达尔文甚至认为，人和动物都有很多相对应的情绪体验。著名心理学家保罗·艾克曼教授结合达尔文的理论，认为人类的情绪是通过面部表情表达而来，可以由同样的心理因素激发，在中央神经系统和自主神经系统中有着独特的生理信号，对人类的生存有特别大的意义和价值。

那么，有哪些进化选择而来的基本情绪表情呢？艾克曼在全世界做了很多跨文化比较研究，发现不同国家和人种的人，对愤怒、厌恶、恐惧、快乐、悲伤、惊讶的表现和认识辨别是基本一致的。不仅如此，他还发现人类的婴儿在相同的时间段中所表现的情绪体验，并没有明显的文化差异。比如，婴儿对苦味的反应，表现出来的厌恶表情是普适的；在两周大的时候，各国婴儿会出现相同的厌恶表情。同样，婴儿对于痛苦刺激的反应是相似表情，对于新鲜变化的事物的兴趣，也会表现出相同的情绪体验。

无论是哪种文化背景、地区或国家，婴儿在4~6周的时候，都会出现微笑的表情；在3~4个月大时，都会出现愤怒的表情；在5~7个月大时，都会出现恐惧的表情。甚至先天失明的孩子，即便没办法去学习和模仿他人的情绪表现，也会在相同的时间段表现出相应的情绪。由此说明，人类的情绪是进化的产物，在相同时间段，一定会通过遗传的基因表现出来。

由此，艾克曼提出了一个有趣的概念叫作“面部表情反馈假设”（facial feedback hypothesis）。他认为，每一种基本情绪都在中央神经系统和自主神经系统中有着固定的生理反应，当训练某个人控制自己的面部肌肉时，可以引发特定的情绪。他在实验中，曾请参与者做出各种面部表情，并要求他们在做表情时，尽量做到与自然表情相似。结果发现，当人们保持某一种面部表情时，能够引起自主神经系统的反应，从而验证了面部表情与人的中央神经、自主神经的固定生理反应是相对应的。由此得出的推论是，不仅情绪可以决定表情，表情同样可以决定情绪。

情绪的文化差异性

尽管情绪存在着跨文化的一致性和相同性，但是一些心理学家发现，不同文化背景的人对情绪的认识、使用、判断和体验有很大的差异。第一个差异是，不同文化的人对情绪的价值和意义的理解不同。斯坦福大学心理学家珍妮·蔡（Jeanne Tsai）曾提出“情绪价值理论”，其认为在西方文化下，情绪有特别重要的意义和作用，领导人必须能够表达自己的情绪。那些不喜形于色的领导人，在西方社会被认为是没有领导魅力的人。而在东方社会，不喜形于色则是对领导人的很高要求。这就是“情绪价值理论”提出的东西方文化对情绪意义的理解的不同。

人类学家、语言学家及心理学家还发现，在不同的文化中有一些独特的情绪体验。比如在中国文化中，是否有一些比较难以翻译成其他语言的情绪体验？我认为中国人的“怨”可能是一种复杂的情绪，很难用其他语言来表达。怨是什么？有什么作用和意义？到底是爱还是恨？至今没有明确的说法。它是一种带有中国文化特色的情绪体验。

另外，不同的文化对情绪活动的生理定位是不一样的。美国人通常把情绪定位于心脏，日本人通常把情绪定位于内脏和腹部，欧洲人把情绪定位为脑区活动，马来西亚人则把情绪定位于自己的肝脏，等等。

情绪活动的另一种差异，体现在其发生在某一文化环境下的频率。比如，羞耻是东方文化的一个特点，所以中国人经常有害羞的情绪体验，但是根据学者的分析和判断，它并不是一种在美国文化下经常出现的情绪。

情绪的文化差异，常常表现在另一个重要的潜规则中，即情绪表现规则。情绪表现规则分为几种：有的表现规则主要是为了衰减人们的情绪反应。比如某人考试得了第一名后非常骄傲，在中国文化的表现规则中，这种情绪体验是会被减弱的。但是针对某些情绪，我们的文化则希望将其放大。比如当听到有人不幸去世的消息后，虽然我们不认识此人，悲伤并不强烈，但是文化会要求我们放大这种情绪活动。还有的时候，我们需要将情绪反应进行综合。比如自己在考试中取得好成绩，心情愉快，但是同伴考得不理想，心情不佳，此时我们需要综合这两种情绪，产生复杂而矛盾的情绪体验。

“寻寻觅觅，冷冷清清，凄凄惨惨戚戚，乍暖还寒时候，最难将息。”大多数人会认为女性比男性有更多的情绪表达。但是，一项发表在 *PLoS One*（国际期刊）上的研究却指出，尽管女性的面部表情种类繁多，但是男性的性别模式更加复杂，男性会比女性表达更多的情感。

情绪表现规则，还体现在我们对某些情绪有一定的限定作用，即不能表现过分。美国心理学家迈克尔·科尔（Michael Cole）发现，情绪表现规则是我们从小就学习到的一种行为方式。比如美国中产阶级家庭的女孩，在3岁时就知道即使收到一个不喜欢的圣诞礼物，也必须面带微笑，感谢对方并欣然接受，而不能生气地把不喜欢的礼物摔在地上。在中国文化中，也有很多类似的从小教育孩子待人处事的情绪表现规则。

艾克曼教授曾比较过日本人和美国人，在独自看电影及与同伴一起看电影时的情绪表现。他发现当日本参与者和美国参与者在单独看电影时，其面部表情是基本同步的。如果参与者和他人一起看电影，特别是看一些令人紧张、难受的电影时，美国参与者会出现相应的负面情绪表情，而日本参与者却会露出微笑的表情，也就是说，他们会掩饰自己的负面情绪体验。这说明在日本文化中，对负面情绪压抑的表现规则已影响到参与者的行为。有很多研究表明，对于负面情绪的表现规则，不同文化的人是有巨大差异的。我的导师理查德·尼斯贝特曾比较过美国北方、南方的白人对愤怒情绪所引发行为的控制和表现规则的差异。他发现南方的白人在受到侮辱和挑衅时，会表现出强烈的身心反应，以此来捍卫自己的尊严和荣誉。相对而言，北方的白人在情绪表现方面会弱一些。

情绪反应的文化差异还体现在不同阶层上。有心理学家发现中产阶级家庭的父母，强调对自己情绪的控制，通常会采用间接、替代式的方法。比如当孩子痛苦时，这个阶层的父母往往会鼓励孩子更快乐一些、积极一些。低阶层家庭的父母在情绪控制方面，往往采用的是直接、粗鲁的方法。比如当孩子哭的时候，这个阶层的父母会采用简单粗暴的方式让孩子不要哭。在中国文化背景下，有研究指出家庭社会经济地位与青少年的情绪弹性呈正相关。低阶层家庭社会经济地位的孩子会出现更多的消极适应状况，早期社会活动能力也更低。低阶层家庭社会经济地位，会使父母感受到巨大的经济压力，容易导致他们产生不良的情绪，并更多地采取低情感温暖的教养方式来对待孩子，孩子也会通过观察模仿来习得父母不良的情绪调节方式，进而降低自身的情绪弹性水平。

另一个非常重要的文化差异，就是我研究的领域——辩证情绪的文化差异。长时间以来，达尔文、艾克曼和美国一些主流心理学家，并不承认人类有悲喜交加这类复杂的混合情绪。他们认为人不可能有两种截然相反的情绪体验和情绪活动，其更多是一种外在的社会要求和行为表现。但是我和同事们发现，美国人其实和东方人一样，可以体验到辩证情绪。比如，当父母送别上大学的孩子上火车时，他们经历的一定是一种骄傲且不舍、哀愁的复合情绪。这就是辩证情绪存在的证明。

积极情绪与消极情绪

积极情绪研究的权威人物芭芭拉·弗雷德里克森（Barbara Fredrickson）把正面情绪分为十种：喜悦、感激、宁静、兴趣、希望、自豪、好玩、敬畏、升华和爱。她总结了前人和自己的一系列研究后发现：积极情绪不仅会让我们感觉良好，还有一种拓展与构建功能。它能够拓展我们的认知，帮助我们打破常规思维，在拥有更广泛创造力的同时构建心理资源，使我们更加幸福、健康和成功。

研究表明，积极情绪高的人更不容易患感冒。卡内基梅隆大学的心理学教授谢尔顿·科恩（Sheldon Cohen）等人做过一项研究，首先测量了 334 名成年人的积极情绪和消极情绪，之后使其暴露在感冒病毒之下并观察他们的患病状况。结果发现，那些积极情绪较低的人的感冒发病率最高达到 35%，而那些积极情绪较高的人的感冒发病率只有 15%。也就是说，积极情绪让我们在感冒风险中有更强的防御力。对于某些程度较轻的疾病或问题，积极情绪有良好的调节作用，但在某些重大疾病上，积极情绪的影响会变得复杂许多。例如，针对癌症早期或者冠心病这类治愈率较高的疾病，积极情绪有好的影响，但如果是癌症晚期，积极情绪太高反而对患者不利。因此，当我们面对一些复杂或并不乐观的状况时，应该秉持更加谨慎、冷静的态度。

除了有抵御疾病的作用外，积极情绪也能促进人的认知能力。心理学家艾森（Isen）等人曾经在实验中把 44 个内科医生随机分为三组，给第一组医生送了一包糖，让第二组医生阅读有关医疗行业的正面报道，而第三组医生则是正常的控制组，不做任何处理。随后请所有医生对患者的症状做诊断。结果发现，第一组医生的临床诊断最准确。这个研究表明，积极情绪对医生的工作效能有良好的帮助。这也提醒我们在看病时，可以尝试给医生一个积极的情绪互动。另有研究发现，如果学生带着积极情绪参加考试，分数会更高，由此可见，学生在考试前让自己开心些，是有利于最终取得好成绩的。

积极情绪为什么有如此多的好处呢？弗雷德里克森用她的理论解释了原因。她认为积极情绪会帮助人们从不同的角度构建资源。例如生理方面的资源，让我们的身体变得更健康，帮助身体做好面对挑战的准备；社会方面的资源，帮助我们与别人的关系变得更好，建立更多的人际联结；智力方面的资源，让我们的认知变得更广泛，能够注意到更多的事，更好地解决问题；心理方面的资源，帮助我们在下一次危机来临时，增强心理韧性，拥有更强的复原力。

既然积极情绪如此重要，怎样才能获得呢？方法主要有三个。

第一，当好事发生时要学会享受，即品味积极情绪。要做到品味积极情绪，我们需要关注那些随时而至的积极情绪，并且全心全意去感受。弗雷德里克森在其撰写的《积极情绪的力量》一书中提到，她的一个学生喜欢和家人打电话，但是在打电话时常常一心二用。这个学生听完她的课后恍然大悟，认为自己应该专注地享受亲情带来的积极情绪。自此以后，只要他和家人打电话，就会走进一个单独的房间并把门关上，安静地和家人交流。果然不久之后，他发现自己在和家人打电话时感受到更多美好。此外，留下纪念物也能帮助体会积极情绪。我们在外出旅行时拍照留念，会将美好的感受封藏在记忆深处，日后再看到照片时，仍然可以感受到那一瞬间的积极情绪。自我肯定也会促进我们去品味。有些人的口头禅是“好事降临到自己身上，是因为走了狗屎运”，这种暂时、特定的或非自我的归因，是无法让我们品味积极情绪的。我们不妨这样归因，比如“为什么这次考试考得好？是因为我努力”“这个女孩喜欢我，一定是我的某方面很有魅力”，当我们从自己的积极品质来考虑原因时，就能真正感受到更多的积极情绪。

第二，对积极情绪给予更多的关注。例如，每天做三件好事并去关注它们，保持这个习惯，我们就会感受到积极情绪。冥想也能帮我们将注意力放在积极情绪上。

第三，去创造更多的好事，在生活中主动为自己增加积极情绪。

了解了积极情绪，还需要了解消极情绪。二者的关系是辩证的，并不是积极情绪越多、消极情绪越少就越好。消极情绪有它的作用。从进化的角度考虑，它提醒我们去关注周围环境的变化以及恰当地应对。例如遇到野兽时，我们会心跳加快，然后准备战斗或逃跑；我们失去宝贵的东西会难过，但也在提醒我们思考为何失去以及如何应对。同样，厌恶、焦虑等消极情绪也有各自的作用。心理学并不是让我们否定消极情绪，也不意味着凡事都要往好处想。

当然，消极情绪虽然有用处，但是如果过于消极一定不利于自身发展。比如过度焦虑会严重阻碍一个人的身心健康和生活质量，过度悲伤会降低人的生理防御功能，过度恐惧则会破坏我们的内在安全感，等等。现代人容易产生过度的消极情绪，对坏事产生的主观感受程度远远超过事件本身的客观危险程度。比如当村民听说老虎进村时，会马上拿起猎枪保护家人，并和大家一起打老虎，此时产生焦虑是正常的，与其危险程度相匹配。但是如果来的只是一只小狐狸，我们也如此应对，长此以往必然会影响正常生活，危害身心健康。曾有人打过这样的比方：人的情绪就像一艘船，积极情绪是帆，消极情绪是锚，只有帆和锚合宜地存在并彼此配合，才能让船安全地在风浪中前行。

情绪智力

研究表明，每个人都拥有丰富的情绪，无一例外。这就意味着不同的人在面对同一件事时会有不同的表现。那么在情绪的感觉、利用和管理方面，是否存在个体差异？有心理学家认为，人类在这些方面有非常大的差异，并提出了“情绪智力”（EI）这一有趣的概念。该概念由哈佛大学心理学博士、著名记者丹尼尔·戈尔曼（Daniel Goleman）正式提出，最早的提出者是其老师和两位耶鲁大学的学者。他们认为人类的“情绪智力”主要从四个方面表现出个体差异：一是感受情绪的能力的差异。二是能否利用情绪来帮助自己思考、生活和工作。情绪对于生活而言，既有破坏作用，也有帮助作用。比如在学习时，我们可以利用情绪来帮助记忆。三是表现在对情绪意义的理解方面。当朋友流泪时，我们该如何应对？是直接鼓励对方不要流泪，还是陪伴流泪或是拥抱安抚？不同的应对方式体现的正是我们对情绪意义理解的个体差异。四是体现在我们自认为最熟悉也最具有跨文化认同性的面部表情“微笑”上。微笑有真笑和假笑之分。法国医生提香（Duchenne）认为，人类的真实微笑会有一些看得出来的明显特点，比如笑容饱满、露出牙齿、面颊提升、眼周出现皱纹等。

我在加州大学伯克利分校的同事，曾对大学附近的一所女子学校的毕业生照片进行扫描，区分出了提香式微笑、假笑或没有微笑。30 年后，当回访这些女生时，我们意外地发现那些习惯于提香式微笑的女生，生活得更幸福，结婚的概率更高、离婚的概率更低。可见，提香式微笑和积极的人生态度有着密切的关系。

微笑还会使人更加善良和有道德。英国心理学家理查德·怀斯曼（Richard Wiseman）通过研究发现，当一个钱包掉在街上，大概有 52% 的可能性回到失主手中。如果钱包中装有名片的话，回归的可能性提高 8%；装有一对老夫妇照片，回归的可能性提高 11%；装有一只宠物狗的照片，回归的可能性提高 19%；装有一张快乐全家福照片，所有成员都在微笑，回归的可能性提高 21%。也就是说，有将近 73% 的可能性钱包会回归，但最有效的则是一张微笑婴儿的照片，它能让钱包回归的可能性提高 35%。

情商

“情商”（EQ）通常是指情绪商数，它是与智商相对应的概念。

研究表明，情商的表现之一是我们能否利用情绪来建立有效的社会关系，从而帮助自己思考和决策。比如在参与集体活动时感到心情愉悦，进而想要更多地参与集体活动。那么，有哪些方式可以让我们的情商得到提高?

首先是学习心理学，尤其是积极、正向的心理学。从心理学的角度来了解情绪的意义和价值，以及其生理、心理规律，会对情商的提高有很大的促进作用。其次是学习控制自己情绪的方法，还要培养自己观察、理解他人的习惯，学会从他人的角度思考问题。最后是培养积极主动的心态和行动。在日常生活中，我们可以主动参加活动，比如运动、听音乐、和朋友在一起做公益等，这些活动会对情商的提高有很大帮助。当遇到某个负面事件时，我们要学会从环境中找到解决策略、答案或资源，让自己用正向的态度去应对社会生活中具有挑战性的问题。

第三部分

幸福的阶梯
——探索世界

第十一章
人真的生而不同吗

宽容看待差异，他人不必满足我的期望。

——阿尔弗雷德·阿德勒

一棵树上没有完全相同的两片树叶，一群人中没有完全相同的两个人，千人千面千心，这就是个体差异。人与人之间的某些差异是外在的，比如身高、相貌，它们对人的行为、感情和社会关系会有很大影响。有些差异则是内在的，心理学提到的个体差异，主要指的是人的内在差异。人们在能力、性格、价值、观念等方面的差别正是心理学家关注的主题。

从古到今，从中到外，心理学研究了很多人类差异存在的方法、形式，以及如何测量、观察和分析这些差异。中国古代有种名为“六韬观人术”的方法，讲的是用一些行为指标来测出一个人的志向、智慧、能力和道德等。比如其提到：“问之以是非，而观其志”，是指向人提到一些大是大非的问题，从而测量其志向；“穷之以辞辩，而观其智”，是指用一些刁难的说辞来测试一个人的智力；“咨之以计谋，而观其识”，是指以各种困难的问题来了解一个人的知识；“告知以难，而观其勇”，是指给人设计各种艰难困苦的环境，从而考查测量一个人的勇气。

“六韬观人术”还提出“醉之以酒，而观其性”，就是让人在不设防的情况下，来观察其本性。在官员承担重要职责之前，则提出应该“临之以利，而观其廉”，通过各种诱惑，来测试此人能否守得住自己的廉洁等。这些都是古人经常用到的一些观察、分析和预测个体差异的实践方法。

智力差异

究竟有哪些个体心理差异值得心理学家关注？科学的、系统的心理学研究最多的是人们在智力上的差异。英国心理学家高尔顿（Galton）是最早研究人类智力差异的心理学工作者。他认为人类的智力，也就是人在解决问题、分析问题能力方面的差异，在很大程度上受到遗传因素的影响，为此设计出一系列智力测量方法，试图分析和测量人类的智力。

在当时的条件下，他设计的智力测量方法，主要包括测试人的肌肉能力、人的反应速度等。高尔顿认为，这些能力与人的思维能力有很大关联。比如一个人对刺激的反应速度越快越强，表明其智力水平越高。他还认为一个聪明人的大脑应该会大一些，为此对人类大脑进行了各种各样的物理测量，通过一系列简单的生理指标、物理指标来测出人的智力高低。当前已有研究证明，对刺激的反应速度及对差异的感知能力与智力是正相关的。

高尔顿还认为，智力依赖于敏锐的感觉能力。所有引起我们注意的信息都要经过感觉，感觉越敏锐，我们的判断和智力作用的范围就越大。在其研究中，他将 8 个小灯呈半圆排列，每个小灯下有一个开关，当其中一个小灯亮后，要求参与者尽快把食指从本位键移到发光的小灯下面的键。结果表明，它和传统智力测验分数存在着中等程度的关联。当然，后来证明，高尔顿的研究也有一些不妥之处，特别是用人类的感觉能力和生理差异来预测人的智力，很容易让人误认为智力是一种先天决定的能力。不过，他依然是我们公认的研究人类智力差异的先驱。

英国著名心理学家斯皮尔曼（Spearman）认为，人类智力差异其实可以分成两类：第一类是一般智力差异，就是通常所说的“G 因素”。它指的是人在解决问题、分析问题时表现出的一般性的能力差异。第二类是特殊能力差异，就是通常所说的“S 因素”。它指的是在特定的领域下每个人表现出来的特殊能力差异。

另外针对智力，还有一种说法是“流体智力”（fluid intelligence）和“晶体智力”（crystallized intelligence）的差异，它由著名心理学家雷蒙德·卡特尔（R. B. Cattell）提出。“流体智力”是指我们在分析问题、解决问题和加工信息方面的一些个体能力的差异，其受年龄影响非常大，年轻人的“流体智力”的能力通常是比较强的；“晶体智力”是指人的文化智力高低，对于一些已经形成的人类知识掌握能力的差异，从某种程度上讲，它是一种固定的知识能力。

卡特尔的“流体智力和晶体智力理论”可以解释人们在年龄方面的智力差异。比如，一个年轻人可能在一些复杂社会知识问题的解决方面不如年长的人，因为年轻人的“流体智力”很强，但“晶体智力”可能不太强，而一个具有一定社会地位、社会影响力，比较成熟的年长的人，或许对新刺激、新问题的解决能力不如年轻人，但是在一些复杂社会问题的解决能力方面会比年轻人强。

美国著名心理学家斯滕伯格（Robert J. Sternberg）提出了“三元智力理论”（theory of triarchic intelligence）。他认为人的智力差异，其实可以体现在三个不同的方面：一是“情境智力”的差异，即人们在复杂的社会情境下解决问题的能力差异，也有人将其称为“实践智力”的差异。比如有些人的学习能力虽然不强，但是待人接物的能力很强，在复杂的社会关系、社会环境中可以很好地生存。二是“分析智力”的差异，斯滕伯格将其称为“成分智力”。它是指在分析和处理问题时，人们的逻辑分析及学习能力比较强。三是“经验智力”的差异，即人们体会社会、体会关系和创造新事物的能力，也有人将其称为“创造智力”。

美国心理学家加德纳（Gardner）则认为，智力其实和人类大脑的加工能力有很大关系。如果大脑的某一个区域受到影响，相对应的一些智力就会有所缺失。根据人类大脑的发育规律和表现方式，加德纳提出人们有六种非常重要的自然智力，即言语智力、空间智力、逻辑和数学智力、身体运动智力、音乐智力和人际智力。当然，目前还有一些与智力有关的问题是心理学家关注却至今未找到答案的，比如天才的问题、创造的问题等，需要我们不断地进行研究。

智力的测量

心理学家花费 100 多年的时间不断探索，力求找到更加有效、稳定、可靠且有意义的智力测量方式。世界上第一个对智力进行测量的方法由法国医生比纳（Binet）提出。他当时受到巴黎公共卫生委员会的委托来发明一套测量痴呆儿童智力的有效、稳定的方法。在该智力测验中，比纳提出了“心理年龄”这一概念。他认为如果一个儿童针对某个问题的解决能力不如同龄儿童，说明其心理年龄滞后，反之则表明优于他人。他同时发明了一个概念叫“常模”（norms），常模是一种用于比较儿童在智力测验中分数高低的参照标准。心理学家可以根据常模准确地预测该儿童的智力水平。

另一种比较稳定、可靠的智力测量方法是由斯坦福心理学家特曼（Terman）修订的“比纳测验”，通常被称为“斯坦福－比纳测验”（Stanford–Binet Scale）。该测验比最早的“比纳测验”的优越之处是提出了一个全新的概念“智商”（IQ）。该概念后来成为 20 世纪人类最常用的心理学概念之一，也是一种衡量人类智力差异的好方法。

它的测量方法并不复杂，是用人类的心理年龄除以自然年龄，并且在近年引进了标准差的概念，使测量结果更加精准。

我国最早引进各种“比纳测验”的心理学家，是燕京大学前校长、著名心理学家陆志伟和他的学生吴天明。陆先生和吴先生根据中国文化的一些特色，修订改编了“斯坦福比纳测验”，他们也被称为中国智力测验的先驱。吴先生是我当年在北京大学读书时的指导老师之一，其对中国智力测验的贡献是前无古人、后无来者的。

现在心理学家比较常用的智力测验是“韦氏智力测验”（Wechsler Adult Intelligence Scale）。它是由美国医学心理学家大卫·韦克斯勒（David Wechsler）于1949年开始主持编制的系列智力测验量表，并于1981年由湖南医科大学的龚耀先教授等主持修订。该量表同样是根据心理学家的研究成果，总结出的与人的问题解决能力相关的重要且可测量的能力区分方法。

如上测验有个共同特点是，很容易受到不同文化背景的影响。很长时间以来，心理学家一直关注能否创造出一些不受文化影响的智力测验，即“文化公平测验”，其中最有名的是“瑞文渐进测验”（原名“渐进矩阵”），由英国心理学家瑞文（J. C. Raven）编制。它不依赖人类的常识、知识和词汇，而是用各种图案来测验人对图案中的内在规律的分析和判断。但是近年来，心理学家发现这种“文化公平测验”也存在一些文化差异。即使在“瑞文渐进测验”中，中国人与美国人对图片的分析处理方式仍会表现出很大差异。

另外，在智力测验中还有其他一些问题，比如性别的差异。多年研究发现，男性和女性的智力差异实际上并不明显。有人用智力测验来选拔人员，造成不同职业的智力差异。但是职业的智力差异，更多是选择的结果，而不是人的本质差异。还有心理学家发现，不同的种族、社会阶层、教育背景、区域甚至城乡之间，或多或少都存在智力差异。这类差异应归于教育的差异，而不是人的本质差异。

智力受到心理学家如此多的关注，多数人更关心的是该如何提高智力。2008 年，苏珊娜·贾基（Susanne M. Jaeggi）、马丁·博史库尔（Martin Buschkuehl）等人发表了一篇名为《通过对工作记忆的训练提高流体智力》的论文，研究结果令人振奋。实验第一次证明，智力是可以通过训练来提高的。到目前为止，智力的差异仍是心理学家花费很长时间去研究的问题，但尚未解决其本质。

人格差异

人类的心理差异还体现在性格的差异上，被称为“人格差异”。人格是什么？通常是指人的行为、感情和体验中稳定的、有独特性的风格。在日常生活中，这一概念经常被误用，比如人们谈起人格时，有时指的是一个人的尊严和权利，有时指的是一个人的品德。它们并不是心理学中的人格概念。心理学中所指的人格是什么？美国心理学家奥尔波特（Allport）认为，人格是一种心理动力结构。

奥尔波特的人格理论强调的是特质本身，而不是环境因素决定着行为。他认为特质是人格的构造单位，是真实存在于人内心的“一般倾向”，是对个别行为的习惯整合的结果。特质之间相互独立又相互交织整合在一起，由此构成人格。人格分为共同特征和个人倾向两方面。共同特征是指具有相同文化的人所具有的共同行为的特性，个人倾向往往反映的是个人的某些行为特性。他把个人特质按其对人格不同的影响和作用，区分为三个重叠交叉的层次，即首要特质、核心特质和次要特质。首要特质即根本特质，主导着整个人格，渗透于人的一切活动中，比如《红楼梦》中林黛玉的首要特质是抑郁；核心特质是指具有概括性和弥散性的行为倾向，其渗透性逊于首要特质，比如林黛玉的核心特质有悲观、嫉妒和自恋；次要特质是指该特质常因人的习惯、态度及环境因素而改变或转换，比如通过阅读原著，我们可以发现林黛玉的次要特质有恭敬、好奇等。

卡特尔认为，人类的人格远远不止于此，应该包括人的行为丰富多彩的方方面面。他提出了“人格的十六个因素”，把特质分为根源特质和表面特质两类。根源特质反映的是一个人整体人格的根本特质，一个根源特质可以影响多种有形的表面特质；表面特质是指每个具体行为所表现出的人格特质，从根源特质中派生而来。这十六个因素的名称和符号分别是开朗性（A）、聪慧性（B）、稳定性（C）、支配性（E）、兴奋性（F）、有恒性（G）、勇敢性（H）、敏感性（I）、怀疑性（L）、幻想性（M）、亲民性（N）、忧虑性（O）、实验性（Q1）、独立性（Q2）、自律性（Q3）、紧张性（Q4）。另有心理学家认为，人格与人们的精神卫生、心理卫生密切相连。艾森克人格理论就格外强调人格的生物特性，认为根据人的生物特性、精神状态的差异，可以把人格分为内外倾人格、神经质人格和精神质人格。

截至目前，所有的人格理论都能帮助我们了解人类的性格差异，但是它们的共性不足是，多数只是心理学家自己编造的人格测量问卷，缺乏系统的、完整的、实证的科学分析。人格到底会在哪些方面表现出稳定的、系统的、普遍的差异？这是人格心理学家多年关注的问题。有心理学家发现，把描述人的个体差异的各种词汇进行统计学的分析处理，就可以总结出什么才是最基本的人格差异。

我在密歇根大学接触的第一位心理学家是著名心理学家罗蒙（Romon）教授。在计算机出现之前，他曾花费近一年时间，手工统计了各种英文词汇中对人的个体差异的描述，最终发现，人类的个体差异特别是美国人的个体差异，可以由五个维度来体现：一是内外向的性格差异，比如有人内向、有人外向；二是在随和性上的个体差异，比如有人比较容易讨人喜欢，有人则不太容易被人接近；三是在尽责性上的个体差异，比如有人关注自己的言行以及对他人的影响，有人则相反；四是在情绪稳定性上的差异，比如有人比较敏感、情绪波动大，有人则比较沉稳；五是在才智上的个体差异，比如有人比较聪明，有人则相对迟钝。

后来有心理学家通过计算机来完成大规模的因素分析，解决了罗蒙花费近一年时间探索出来的个体性格差别。其中做出突出贡献的是麦科洛（McCollough）、科斯塔（Costa）和我在加州大学伯克利分校心理学系的同事奥利弗·约翰（Oliver P. John）。他们认为，人类的性格基本具备五个维度的差异，这就是现在大家所公认和接受的"大五人格"（big five personality）。大五人格虽然最初是建立在英语环境下的个体差异的分析词汇，但是也有心理学家发现，其他语言同样具备大五人格的特性。从西班牙文、中文、韩文、日文等语言中，心理学家都发现具有这五个维度的个体差异。

我国心理学家发现，中文在描述人的个体差异时，同样基本使用了这五种维度，但是在近些年的研究中，又发现一个非常重要的关系维度，于是有人将其称为"大六人格"。还有一些心理学家提出"大七人格""大九人格"等。这些探索表明，关于人格差异，我们仍然有很多需要研究的问题，其中核心的问题是关于人格与社会情境重要性的争辩。

到底是人格决定一个人的行为，还是社会情境决定一个人的行为？有些心理学家认为，针对人格特质理论的解读仍有很多局限性，人类的许多行为不是由人格来决定的，而是受到社会情境的巨大影响。人格心理学家却认为，人格对行为有一定的稳定预测作用，人们虽然会受到社会情境的影响，但同样会受到人格的影响。针对这一问题，心理学家仍在继续争论着。从某种意义上讲，这种争论是对科学的促进。正是因为有不同意见的存在，社会心理学家和人格心理学家才能做出独特的贡献，帮助我们对人类的人格差异做出更为科学准确的判断。

价值观差异

人类的心理差异还体现在价值观差异上。在漫长的人生中，什么是有意义的？什么是有价值的？这正是我们在价值观上的差异。个体在价值观上有很多不同，比如某些人认为重要的事，对他人而言可能并不重要；有些人认为某人做了件好事，但对他人而言可能是坏事。这种价值观的差别，决定了我们对世界、对自己以及对他人的认识。

什么是价值观？从心理学角度讲，价值观是人类对事物的意义及重要性的看法。由于这些看法有高低之分，所以被称为"价值系统"，并且由于其有决定性的预测作用，又被称为"价值的影响"。心理学家关心人们到底有哪些重要的价值、价值的排序和重要性分布如何，以及价值能否产生稳定和持久的影响作用。判断一个价值观是否是核心价值，对我们来讲非常重要。心理学家认为，这取决于这种价值观被侵犯时，是否会引发我们强烈的情绪动机。当我们对一个概念产生强烈的情绪反应，它一定是非常重要的价值观；反之，如果一个价值观被侵犯时，我们并没有产生特别强烈的情绪反应和行动动机，就不是我们认为的重要的价值观。

那么人类到底有哪些重要的价值观？最早对人的价值倾向做出系统分析的是加州大学伯克利分校心理学教授弗洛伦斯·克拉克洪（Florence Kluckhohn）和弗雷德·斯多特贝克（Fred Strodtbeck）。他们提出了"人类的价值倾向理论"，认为人类由于共同的进化历史，必须解答一些共性问题，比如人性的本质如何？我们到底是性善还是性恶，或是二者兼备？人与自然应该具有何种关系？我们是应该控制自然还是顺从自然，或是二者兼备？等等。他们还认为，人类应该关心自己主要的行动方式及方法，因为不同的人对重要的活动有着不同的看法。依据人们对如上问题的不同回答，两位教授提出了不同的价值测量。

奥尔波特针对价值观差异提出，人其实是有不同侧重的。比如有些人侧重经济价值,认为人类社会最核心的任务是为自己创造财富、为大家创造福利；有些人侧重政治价值，把地位和权力看作生活中最重要的事；有些人关注审美价值，把和谐、平衡、美丽作为生活中最重要的事；有些人侧重社会价值，把社会关系、社会互动作为生活中最重要的核心；有些人比较看重宗教价值，把宗教的纯洁和救赎当作生活中最重要的目标；有些人侧重理论价值，把对事物的理性分析、逻辑判断和内在规律的发现当作人生最重要的追求。这些重要性的选择决定了一个人在价值观念上的排序，以及对自己生活的影响。

美国社会心理学家罗克奇（Rokeach）则强调，人类的价值观是我们生活中非常重要的事物，因此发明了系统的价值观测量，用来分析、了解和预测人的价值。他把人的价值观分成两类：第一类是终极型价值观，代表我们在世界上的终极存在目标、对远大理想的追求等。这些终极型价值包括舒适自在的生活、有成就感、平等、智慧、家庭幸福、内心和谐、自我尊重、社会认可、真正的友谊、国家安全等。第二类是工具价值观，也就是为了达到终极目标而使用的行为方式或手段，比如雄心、能干、勇敢。

对价值观的研究是人类在21世纪特别关注的问题。心理学家同样做了很多跨文化的比较研究，试图发现一些跨文化的、共同的价值观。在这一领域做出突出贡献的是以色列心理学家施瓦茨（Shalom H. Schwartz）。他认为人类的共同价值观应该包括权力、成就、享乐、刺激、自主、道德、慈善、传统、社会、整合、安全。

另外，价值观差异还体现在心理治疗中。几乎所有的心理治疗都期望让来访者感受到希望，同时几乎所有的治疗师都会努力提高患者的敏感性、开放性、责任感和目标意识等，但是由于道德和文化的差异，来访者和治疗师各具特色，因而治疗过程各不相同。尤其是当治疗师和来访者的文化背景差异极大时，这些差异就有十分重要的意义。比如在北美、欧洲和澳大利亚，治疗师大多表现出文化影响下的个人主义倾向，即重视个人的需求和同一性。来自亚洲国家的来访者所受的教育是要多为别人着想，因此当治疗师要求他们只考虑自己的利益时，常常使他们为难。这种差异性可用来解释为什么少数民族不愿意接受心理健康治疗。

正是因为个体差异，才使得人类的行为丰富多彩、生活纷繁美妙。正是因为这种差异的存在，心理学才会广泛地引起社会人群的关注。心理学家相信，只有真正科学系统的测量方法，才能帮助我们了解他人和自己内在的不同，看清真正的个体差异，这正是心理学前进的重要方向。

第十二章
语言及沟通的魅力

人应该知道该说什么，什么时候说，对谁说，以及怎么说。

——彼得·德鲁克

巴别塔的故事告诉我们，人类由于语言不同，导致感情无法交流、思想难以统一，由此造成了隔阂和猜忌。与之相反，如果语言相通，会让我们产生积极的心理反应。这就是语言的重要意义和作用。人类的灵性来自我们能用语言去表达思想、知识和行为。我们常常讲“谈恋爱”，是什么意思？它是指好的感情是谈出来的，在爱情中一定要有语言的沟通。同样，通过语言的学习，我们能够掌握知识，得到6000万年人类演化积累而来的智慧和才华。语言还与思维相关。思考问题、判断问题和做出决策，这些都涉及语言的概念以及运用。可以说，语言是人类心理生活中非常重要的载体和组成部分。

什么是语言

从学术角度讲，语言是通过声音和符号传递信息的一种过程、载体和媒介。人类语言的获得能力是天生的，是遗传而来的共同基因，任何人都能掌握不同的语言，但是最终掌握哪一种，取决于其成长环境。伦敦大学伯克贝克学院的研究者发现，人类的语声鉴别能力在儿时特别强大。新出生的婴儿大约可以鉴别将近150种不同的声音，但是在一年之内，其鉴别能力会下降，最终仅能对自己母语的语声做出准确的判断。这说明人类在遗传上，有辨别和学习其他语言的能力，但是由于受到自己语言环境的影响，这种能力会很快消失。

语言对于每个人来说都有非常重要的意义。有研究表明，如果孩子从小生长在多种语言的环境中，其语言学习能力会比较强，语言的加工能力与讲母语的孩子基本一致。但是，如果我们在成年之后再去学习其他语言，大脑中的语言加工区域会和讲母语的人的语言加工区域有很大不同。这也是一些心理学家提倡双语教育的原因。

语言的作用还表现在，我们可以体会到与自己讲话的人的精神状态。《NPJ精神分裂症》杂志中，曾有一篇关于语言模式可以预测精神疾病的文章。该研究使用机器学习系统对40名参与者中30人的语言样本进行培训，并分析其中的语言特点。研究发现，从精神病患者身上提取的样本，其语义密度（在句子中传达的意义）低于从大量正常语言数据库中提取的样本。随后研究人员针对其余10名参与者的测试结果进行了系统的预测，结果显示，这种语言特征可以预测其余参与者发展为精神病患者的可能性，准确率高达80%。

由于汉语是世界上唯一一种以视觉加工为主的语言，其独特性引起了心理学家的关注。近些年，出现了越来越多的针对汉语中的象形文字特性的研究。比如有研究发现，汉语的加工区域接近我们大脑中的“布洛卡区”（Broca's area），该区域与人类的动作加工区域紧密相连。在布洛卡区损伤后，患者会出现运动性失语症，虽然他们在阅读、理解和书写时不受影响，但是发音困难、说话缓慢吃力；而英语的加工区域，经常发生在“威尔尼克区”（Wernicke's area），该区域与人类的听觉加工区域紧密相连。在威尔尼克区损伤后，患者会出现接受性失语症，他们的听觉器官正常，能够听到声音，但是不能分辨语音，对字词失去理解能力。

由此，有人认为汉语的加工是以动作加工为主。中国人在学习汉语时，的确会加入很多动作，甚至发明了书法。英语的加工，则以听觉加工为主。为什么很多国人学不好英语？我个人认为有个主要原因是听得太少，而不是说得太少。

语言对思维的影响

早期的语言学家认为，人类的心理活动受到语言的决定性影响，其中最著名的观点就是“萨丕尔－沃尔夫假说”（Sapir-Whorf hypothesis）。该假设认为人类的思维会受到语言的影响，对世界的认识不是简单的反射，而是借助语言对世界进行分类、分析、判断、归纳和总结。

一个有利的证据是颜色知觉受语言的影响颇大。研究发现，不同语言的颜色概念词汇数量是不同的。英语中的常用颜色概念词汇有11种，而巴布亚新几内亚人所讲的皮钦语中的颜色概念词汇仅有2种（一种是暖色，一种是深色）。在对颜色的知觉上，仅有2种颜色概念的人与有11种颜色概念的人的差别是很大的。

不过，越来越多的心理学家认为这类假设有些极端。美国加州大学伯克利分校心理学教授埃莉诺·罗施（Eleanor Rosch）关于"分类"的著名研究发现，即使在参与者的语言中没有描述某种颜色的词汇，但是在知觉上，人也是能发现不同颜色的差异的。她请讲英语的美国人和讲皮钦语的巴布亚新几内亚人对不同颜色进行分析和判断，发现他们虽然在颜色描述上有巨大差异，但是对颜色的判断知觉非常相似。

语言心理学家在20世纪70年代达成了一个共识，即人类的语言虽然对心理有很大影响，但并不是决定性的，而是相辅相成的促进。这种促进的影响体现在算术能力上，会受到语言中对数位概念描述的影响。比如，汉语对数位的描述是十进制，阿拉伯语、日语、韩语采用的是阿拉伯十进制，而英语的进制则采用十二进制，法语到十七以后才有进制。心理学家由此发现，不同的语言计数单位会影响孩子对数位概念的理解，相对而言，讲十进制语言的孩子的算术能力会强一些，而讲其他进制语言的孩子的算术能力要弱一些。

另外，人类的视觉记忆也会受到语言的影响，尤其在对外在事物的知觉及记忆中，受其影响很大。著名心理学家伊丽莎白·洛夫特斯（Elizabeth F. Loftus）发现，当律师在法庭上使用不同的言语对同一事件进行描述时，会有不同的结果。比如同样是一次交通事故，律师提到两车相碰、两车相撞，或是两车撞得一塌糊涂这三种不同程度的描述时，会对人们关于这次事故的记忆产生不同的影响。当描述为“相碰”时，人们的记忆速度会比较慢，记忆中的灾祸会比较轻，而如果描述为“撞得一塌糊涂”，人们的记忆速度会加快，并在大脑中呈现血肉横飞的场景。

在某些语言中，对物品的描述会区分雄性和雌性。在德语、法语、西班牙语中就有很多阴性和阳性的词语描述。比如，“苹果”在德语中是一个阳性事物，但是在西班牙语中则是一个阴性事物；反之，“大桥”在德语中是一个阴性事物，而在西班牙语中是一个阳性事物。这种性别的差异，会很大程度上影响我们对该事物的认识和记忆。比如德国人在想“大桥”时，通常会想到它的灵秀、美丽，而西班牙人在想“大桥”时，通常会想到坚强、敦厚。语言对思维的影响还体现在时间概念的差别上。斯坦福大学认知心理学家雷拉·波洛狄特斯基（Lera Boroditsky）发现，汉语与英语的时间概念有很大的差异。中国人提到时间时，通常用的是上下概念，而西方人提到时间时，通常用的是前后概念，所以汉语中有“上下五千年”的说法，而没有“左右五千年”的说法。

语言还与我们的空间直觉有关。著名相声大师侯宝林先生曾有个笑话，大意是北京的一对老夫妇在讨论睡觉问题时，讨论的不是里外，而是南北。老太太对自己的丈夫说“请向北边睡”，她所说的北边其实是指床的里侧。

沟通

语言最大的作用，是人与人之间情感的交流及沟通，这是沟通心理学涉及的一个重要问题。什么是沟通？沟通学奠基人迈克尔·罗勒夫（Michael E. Roloff）对其有一个明确的定义，即处于某种关系中的甲乙双方协商、交换资源，以及交换资源的符号传递过程。这一概念涉及三个非常重要的元素：一是关系，二是资源，三是符号。

沟通并不是独立存在的，而是发生在关系之中。比如每天早上，我在清华大学宿舍中会听到有学生大声地练习英语，由于没有听众和对象，只是其个人行为，并不是沟通。同样，沟通是有一定功利性的，在很多情况下，沟通中所交换的资源，不仅是指物品，还包括感情、信息和意义等。沟通也是一种符号传递的过程，需要借助文字及其他信号来传递彼此的想法。

我们为什么要从心理学角度来学习、理解和研究沟通？这是因为心理学家发现，在大部分时候，沟通并不是简单地可以通过语言来完成的，而是通过很多言语线索和非言语线索来共同完成的。同一句话，如果表达的姿态、语速和语气不同，产生的意义也会不同。比如有人对另一人说“你真坏”，嗔怪的语气和愤怒的语气所传达的意义完全不同。有效沟通不在于对方说什么，而在于对方怎么说以及在什么地方说。

通常情况下，人们会根据各种各样的线索来理解语言的真正含义。到底有多少种非言语沟通的行为和方式呢？美国著名心理学家保罗·艾克曼（Paul Ekman）发现，人类的非言语沟通行为大致可分为五种：第一种是“演示性非言语动作”，是指我们在强化、表达、演示某个概念时，经常出现的手势和姿态。第二种是“适应性非言语动作”，反映的是我们的身心状况。比如困了我们会打瞌睡，烦了我们会打哈欠，这都是适应性非言语动作，其本身没有特殊的意义，但很多时候会有操纵对方心理的意识，所以也被称为“操纵性非言语动作”；第三种是大家熟悉的手势语。人类的所有手势都有其特殊含义，这些含义既有文化的差异性，也有文化的共同性。第四种是人们经常使用的“控制性非言语动作”。它能够调节、控制和管理我们沟通进程中的一些姿态，比如在表示认同时轻轻点头，在表示否定时微微摇头,在表示远离时微微转身。第五种是人类最早的非言语沟通方法——面部表情。我们通过察言观色，能够获得对方传达的很多信息。人类可以借助各种各样的方式来达到非言语沟通的目的。

正是因为沟通有如此重要的意义，不同的人会使用不同的应对方式和表达方法。社会学家爱德华·霍尔（Edward Twitchell Hall）认为，人类的沟通有很多潜在的维度和风格,其中一个典型的风格差异是“高语境沟通风格”和“低语境沟通风格”。高语境沟通风格是指在与他人的沟通交流中，我们不仅要关注对方的言辞，更要关注对方说话的方式、场合及其他情境性因素。与之相对应的是低语境沟通风格，指的是在与他人的沟通交流中，强调关注话语本身的内容，而不太关注情境的背景信息的影响。

如何判断一个人的沟通风格是高语境还是低语境呢？心理学家发现，有很多行为指标可以帮助我们辨别。首先，是否需要猜测对方的意图？如果需要猜测意图，往往是高语境沟通风格；反之，则是低语境沟通风格。其次，是否需要借助自己的情感来决定沟通的方式？高语境沟通风格会强调感情、关系和联系，低语境沟通风格则强调就事论事、公事公办。另外，沟通中是直截了当还是委婉间接？高语境沟通风格强调委婉间接，低语境沟通风格则强调直截了当。很多例子可以说明我们的文化偏向于高语境沟通风格。比如当上级领导需要和你沟通工作上的问题时，中国文化下的领导通常会说“找个时间喝杯茶聊聊”，而西方文化下的领导则会直指问题。

还有一种辨别沟通风格的方式，就是看对方是否存有戏剧性夸张。由于高语境沟通风格在很多情况下需要猜测和领会，所以表达并不需要特意夸张，彼此心领神会即可。而低语境沟通风格，由于表达直截了当，当需要强调感情和意义时，就需要借助一些戏剧性夸张的表达方式。好莱坞电影《妈妈咪呀》中，三个好久不见的同学相聚时，那种夸张的、手舞足蹈的表达方式，正是低语境沟通风格的人典型的表达方式。而中国的好友相见，往往是沉默不语、心心相印。两种沟通风格的差别还体现在对沉默的理解上。高语境沟通风格的人会很容易理解沉默的意义，而低语境沟通风格的人则比较难理解。比如当我们向领导请假时，领导一言不发，此时如果是高语境沟通风格的人，会立刻猜到领导的态度，而低语境沟通风格的人可能需要反复询问。

值得注意的是，当双方沟通顺畅的时候，会让彼此感到愉悦，但有时交流也会成为一种武器，即暴力沟通（violent communication）。暴力沟通指的是我们在交往中让对方感觉到一种情感上的排斥。在生活中，暴力沟通很常见，甚至一个人用自己习以为常的表达方式去对待另一个防御心重的人，在对方眼中也可能成为暴力沟通，并遭到反击。暴力沟通破坏人际关系，美国心理学家罗森伯格（Marshall Rosenberg）为此提出了非暴力沟通（nonviolent communication）方式，并提到该方法的四个步骤：第一，观察，把看到的事情用一种中立客观的形式表达出来；第二，感受，把自己的感受说出来；第三，原因，表达自己为什么会有这种感受；第四，请求，表达希望对方能够做出什么改变或者行为。

第十三章 社会心理学——看清自己与他人的相处之道

幸福最重要的唯一源泉，是良好的社会关系。

——菲利普·津巴多

社会心理学家对于社会的认识与社会学家是不同的。社会心理学家认为，社会是一群人的集合，应该探讨的是人如何互相认识、相处及互相影响。也就是说，社会心理学有三大问题，一是社会认知；二是社会影响；三是社会关系。

中华民族是世界上较早意识到社会认知、社会影响和社会关系的重要性的民族。在中国的唐诗宋词中，很早就提及人的社会认知、社会影响和社会关系的价值。比如“己所不欲，勿施于人”，指的是人与人的相处之道；“仁者见仁，智者见智”，是指我们的社会认知各有差异、各自不同；“小楼一夜听春雨，深巷明朝卖杏花”，指的是人与人之间的互相感染、影响和触动；“文章千古事，得失寸心知”，是指人的内心体验与对社会影响之间的一种对应关系。所以，社会心理学应该是一门中国人可以学得更好的学科。

到底什么是社会心理学？班杜拉认为，它是研究人如何与现实中的他人、想象中的他人、隐含中的他人相识、相处和相知，以及如何去联系、思考、对待和影响的一门科学。现实中的他人是指我们看得见、摸得着、碰得到的人；想象中的他人是指我们在思想和感受时出现在脑海中的他人；隐含中的他人是指某些时候，有些人虽然不在身边，但实际上也会对我们产生影响。

那么，人为什么会需要与他人相识、相处和互相影响？最大的原因是，我们是一种社会动物，需要与他人交往、沟通和共生共灭。这是人在演化过程中选择而来的天性。美国有一部由真人真事改编的电影叫《荒岛余生》，讲的是一个邮递公司的高管，由于飞机失事被抛弃在一个荒岛上，他非常郁闷、痛苦、愤怒和忧伤。所幸的是，他发现了一个排球，在这个排球上画了一张人脸，每天和它谈心交流。最后回家时，为了救这个排球，他差点把自己的命搭进去。这就是人的强烈社会需求所表现出的极端状态。

从某种意义上讲，我们与世界上的任何人都比想象的要接近。美国社会心理学家米尔格兰姆（Stanley Milgram）提出了“六度分隔理论”（six degrees of separation），认为任何人与世界上的其他人之间最多隔了 5 个人。也就是说，如果我们要带口信给 1 个陌生人，只要通过 5 个人，就能把口信送达。该理论指的是人与人之间的距离没有我们想象的那么遥不可及，人作为一种高度社会化的动物，永远需要与他人在一起。这正是社会心理学如此重要的原因。

牛津大学人类学家罗宾·邓巴（Robin Dunbar）提出了“神奇的150”概念，即“150定律”（rule of 150）。他根据动物的大脑皮质和人的大脑皮质做出推算，发现动物需要的伙伴数目与人需要的伙伴数目有一种对应的对比关系。人由于大脑皮质的高度发达，需要将近150个人成为自己的亲密朋友。比如古罗马军队方阵正是150个人，欧洲的村庄达到150个人标准时，就要分离成不同的组织，中国的中小企业极限人数也是150个人，这些都证明人可以维持的有效社会关系是150个人。

社会心理学不仅是重要的学科，也是心理学家关心的问题。社会心理学奠基人库尔特·勒温（Kurt Lewin）首次将实验心理学方法和社会心理学的理论结合在一起，创立了美国社会心理学流派。勒温有众多学生，其中一位是斯坦福大学社会心理学家费斯廷格（Leon Festinger），其著名研究“认知失调理论”（cognitive dissonance theory）奠定了在社会心理学中的领军地位。

费斯廷格的一位学生是著名心理学家沙赫特（Stanley Schachter）。沙赫特的学生之一，就是我的导师理查德·尼斯贝特。由此有人开玩笑地讲，我所学习的社会心理学，是世界社会心理学的名门正派。正宗的社会心理学一定是科学而严谨的。那么我研究的社会心理学，对人及社会的认识有何不同？最大的不同是，更强调情境的决定作用，因为我们发现，人的行为在很大程度上会受到环境和情境的影响。对人的行为的最佳预测正是其所处的环境和情境。

经典实验 人的行为会受到环境和情境的影响

著名社会心理学家丹尼尔·巴特森（C.Daniel Batson）在1973年曾做过一个实验，他让一个显然需要他人帮助的人躺在教室门口，观察有多少人真的停下脚步来帮他。由此，他发现在很多情况下，个人特质并不能预测路人的行为，无论是神学院学生、商学院学生还是心理学院学生，其表现更多是受到环境和情境的影响。比如需要帮助的人的穿着打扮是否正派和干净，是否在酗酒，是否真的很痛苦，还有教室上课的时间等因素，都会影响路人是否实施助人行为。

全民自媒体时代的到来，使得当前不少人在街头做一些类似的实践活动，这些不失为生动的社会实验。比如有的人体验残疾人出行，有的人体验外卖员的生活，在视频记录的过程中，我们会看到不同的路人所呈现的各种各样的反应，有的人满脸嫌弃，有的人提供帮助，他们的行为同样取决于环境和情境的影响。

如上例子说明，外在变量对人的行为产生较大的影响，而内在人格、心理需求对行为的影响有一定局限性。所以社会心理学家提出，人的特质对行为的影响不如环境大。当然，我们的行为并不由个人特质或环境等单一因素来决定。班杜拉认为，人的行为更多是个人特质和环境交互作用的产物。这种交互作用决定了人的行为表现的规律、方式和进程。

社会认知

什么是社会认知？简单来讲，就是指个人对他人的心理状态、行为动机和意志做出推测和判断的过程。对自己和他人行为原因的分析，曾经是社会心理学最关注的问题之一，因此产生了很多有趣的研究。比如著名心理学家弗里茨·海德（Fritz Heider）首次系统地研究人如何去分析、理解与判断自己和他人行为，其研究被称为“归因研究”（attribution study），该研究对行为的原因进行归纳、总结和判断。海德发现，人在对自己和他人的行为进行归因时主要有三个维度：一是该行为由内在原因引起，还是由外在原因引起；二是在解释自己和他人行为的原因时，会关注其稳定与否；三是在对原因进行分析时，会关注其是否可控。

海德还认为，人有一种分析、理解自己和他人行为原因的天然倾向，因为我们有强烈的控制外在世界的动机和需求。人希望外在世界与自己的理解一致，如果出现不一致会产生焦虑。这就是海德的“归因理论”（attribution theory）的基本要素。比如一个学生对某学科的知识点掌握得很好，认为自己在考试中可以顺利答出，但是现实情况是，有很多考试的题目他都不会做，从而产生了巨大的焦虑。

有一个有趣的理论是“对应推理理论”（correspondent inferences

theory），由著名心理学家琼斯（Edward E.Jones）和戴维斯（Keith Davis）提出。该理论是指人们在分析他人行为的原因时，往往根据行为的特点进行对应的推理。它在生活中很常见，比如当一个演员演正面人物后，人们会认为其具有正面人物的特性，如果演了反面人物，人们则会认为其具有反面角色的特性。很多粉丝对明星的崇拜受该理论的影响，事实上，明星本人的心理特性、人格特点可能和角色完全不同。

还有一个有意义的理论是“三维归因理论”（cube theory），由心理学家凯利（Harold Kelley）提出。他认为分析一个人行为的原因，要考虑三个因素：一是“共同性”。也就是说，其行为和其他人的行为是否一致？如果一致，就说明该行为不是由个人因素造成，而是由环境因素造成的；二是“独特性”。独特的情境是否造成大家相同的反应？如果大家的反应相同，就说明情境决定了行为，而不是受个人特质的影响。三是“行为一致性”。它是指人在各种情境下，是否表现出同样的行为？如果表现出同样的行为，就是个人原因，反之则是环境原因。

凯利的“三维归因理论”可以帮助人们准确地分析、判断人的行为的真实原因是什么。比如在酒吧中，如果你见到某人在流泪，其他人同时也在流泪，显然这不是个人原因而是环境的原因。但是如果这个人每次到酒吧都会流泪，而其他人并没有，这就是个人的原因而不是环境原因。

心理学家发现人有一种基本的倾向性，即容易忽视环境对人的行为的影响。人们常常过分夸大个人原因而忽视环境原因。这就是心理学家罗斯（Lee D. Ross）提出的“基本归因误差理论”（fundamental attribution error theory）。他曾写过一篇很有影响力的博士论文，来说明在很多情况下，人们容易忽视环境因素的影响。比如当某人说自己迟到时，他人容易把迟到的原因归为“他是一个不守时的人”，而忘记可能还有其他外在因素，比如车子在半路上爆胎等。

态度

社会认知关注的另一个重要课题是态度。态度是指人们对人和事物的一种基本信念、感受和行动的倾向。心理学家认为态度对行为的影响是通过两个路径来实现的：一个叫“中央路径”，是指人自己的证据、判断、意识、理性对于行为的影响；另一个叫“边缘路径”，是指通过人的感受、感觉和心情来影响自己的行为。不过有研究发现，态度不一定会通过行为体现出来，行为反而可能影响我们的态度。一个特别生动的例子叫“登门槛效应”（foot in the door effect）。

经典实验 | 行为如何影响态度

美国社会心理学家弗里德曼（Jonathan L. Freedman）与弗雷泽（Scott C. Fraser）在1966年的一项实验中发现，安排人任意选择一组家庭主妇进行访问，并告知她们想将一个小招牌挂在她们家的窗户上，这些家庭主妇通常会愉快地同意。一段时间之后，再次访问这组家庭主妇，提出要将一个不仅大而且不太美观的招牌放在庭院里，有超过一半的家庭主妇同意。与此同时，随机访问另一组家庭主妇，直接提出将同样的招牌放在庭院里，发现只有不足五分之一的家庭主妇表示同意。该实验的结论是：人们通常会拒绝难以做到的或违反意愿的请求，但是一旦对于某种小请求找不到拒绝的理由，就会增加同意这种要求的倾向。

行为影响态度，还可以通过角色扮演来实现。美国著名心理学家津巴多曾做过一个有名的“斯坦福监狱测验”（Stanford Prison Experiment）。津巴多在斯坦福大学征集了24名心智正常身体健康的参与者。实验前让参与者随机选择自己扮演的角色（有人扮演囚犯，有人扮演看守），并把他们放置到模拟的监狱中。研究人员为看守配上警服、电棍、太阳镜，并授予他们体罚不听话的囚犯的权利。囚犯则被要求在脱光衣服后，喷防虱粉，换上囚犯的衣服。

随着实验的推进，参与者逐渐进入状态。看守加大了对囚犯的体罚力度，囚犯则在反抗被制止并被施加一系列惩罚后放弃了反抗，行为也变得越来越像真正的囚犯。后来，由于几名扮演囚犯的参与者出现精神崩溃，原计划两周的实验不得不在第六天宣告结束。随机分配的角色安排，居然导致两组参与者表现出巨大的态度差异，这就是著名的“路西法效应”（lucifer effect）。

群体

什么是群体？群体指的是有共同目的的人的集合。在很多情况下，人们待在一起并不一定代表他们是群体，比如大家都在等车，虽然身处同一个地点，但是由于目的地不同，是很难形成群体意识的。如果我们都在看球、上学或听讲座，这就是有共同目的的群体，也被称为“真实的群体”。群体对于我们有什么意义呢？它主要体现在两方面：一是确认身份，让我们知道自己具有怎样的社会特性；二是获得社会认同，并表达我们对某一群体的追随。心理学家发现，群体的影响有时对个体的行为是一种促进，即他人的存在会促使我们做事更有效、更积极。

有关群体影响的第一个实验，是由社会心理学家特里普利特（M. Triplett）来完成的。他想观察他人的存在是否会对人的工作效率有正面促进作用，于是他让参与者去绕鱼线，发现当人多的时候，参与者绕得比较快，人少的时候则绕得比较慢，为此将这种现象称为“社会促进效应”（social facilitation effect）。这种“社会促进效应”在生活中很常见。比如当我们跑步时，围观我们的人越多，我们跑得越积极主动，而没人在场时我们会慢条斯理地跑。

当然，群体并不总是对我们产生社会促进作用，有时也会产生“社会懈怠”（social loafing）。最经典的例子就是人尽皆知的故事“三个和尚没水吃”。当三个和尚存在时，互相之间就会产生依赖和懈怠，缺乏工作的积极性。也就是说，在有他人参与工作的情况下，团体成员的行为有时会表现得更积极，有时则可能变得更消极，关键在于事件的性质及团体起始的倾向性。

在虚拟环境下，人们的社会行为同样会受到群体的影响。研究发现，当群体不必直接面对自己的伙伴和对手而是使用虚拟技术时，比如电话会议、视频会议和计算机网络、虚拟世界等，会有助于提高工作效率和创造力。这种积极的效果是由两个因素带来的：一是网络互动的参加者可以匿名参与，传达信息更简洁，这使得他们降低了被评估的压力，增加了整合信息的可能性；二是网络的团体互动功能高，增加了人们分享其他人信息的可能性。在面对面的会议中，往往是几个领导成员处于讨论的主导地位，这种情况在虚拟世界中很少发生，每个人的意见都会以平等的方式被他人了解和接受。

当然，网络媒体在群体环境的使用中，尚存在一些缺点：一是在以文本为基础的网络交流中，大多数人输入信息的速度要比说话慢；二是网络媒体会造成误解，在网上传播专业信息、知识，有可能造成重要信息的丢失；三是在线交流媒介中，使用匿名可能会造成一些不努力的成员消极怠工。另外，虚拟互动容易使人的责任感消失，个体的匿名性使得个人对自己的行为缺乏一定的规则感，降低了道德自律。很多网络暴力行为在很大程度上就是一窝蜂、起哄造成的团体社会互动的结果。

那么群体在什么时候会使我们变得更加积极主动？什么时候让我们变得懈怠？心理学家发现，主动和懈怠实际上是一个硬币的两面，最核心的原因是有没有评价。如果有评价，人们容易变得主动；如果没有评价，人们容易变得懈怠。

他人在场问题是社会心理学基本的问题之一。有人认为，观察者或共事者的存在会提高个体的业绩，另一些人则发现他人在场会降低个体的业绩。社会心理学家罗伯特·扎荣茨（Robert Zajonc）用一个著名的实验心理学定律把这些发现融合在一起，即“唤起能促进优势反应”。他认为，他人在场能引发个人的唤起状态，所以当他人在场时，会提高简单任务的业绩（即正确的优势反应），但会降低复杂困难任务的业绩（即错误的优势反应）。我们之所以被唤起，主要来自评价顾忌以及分心。

群体对我们的影响不仅体现在行动上，还体现在思维上。针对这种影响，有一个心理学概念叫“团体动力”（group dynamics），指的就是群体对于我们的决定性影响作用。团体动力研究的经典案例是“风险迁移实验”。但是也有心理学家发现，如果把故事的情况稍微发生一些变化，人们的判断及讨论的结果就会出现另一种局面。

比如这个例子：罗杰是一个已婚、有两个学龄孩子的年轻男性，有一份稳定但收入微薄的工作。他了解到一个相对不太有名的公司其股票价值可能翻三倍，但是投资有风险，他应该在多大胜算中做这件事？针对这个问题，团体成员进行了讨论，促使他变得更加谨慎，最终放弃了冒险。

这就是“团体极化”（group polarization）。团体极化指由于团体之间的互相交流、沟通，观点会朝两个方向发展，一是往更偏激的方向发展，二是往更谨慎的方向发展，最终往哪个方向发展取决于团体起始的平均意识。也就是说，如果偏向于更偏激的方向，那么讨论的结果一定会往冒险的方向进行；如果偏向于更谨慎的方向，那么讨论的结果会向谨慎小心的方向偏移。

不仅如此，群体对人们的影响还体现在群体思维倾向上。越是团结一致、互相认同、有权威、互相保护的团体，彼此之间越容易出现群体思维的倾向。群体思维有如下几个特点：（1）不可战胜的错觉。团体成员会认为团体是无敌的、不会出错的。（2）对外群体的刻板观点。常常以过分简单而刻板的方式看待外群体。（3）自我检查。成员之间不允许提出任何反对意见，对反对者会直接施压，使其无条件顺从，以防破坏团队的合作。（4）集体一致的错觉。不征求异议者的观点，从而造成集体统一的错觉。

因为群体思维往往会妨碍人们的决策，让人犯一些简单性错误，所以如何避免它是社会心理学在应用中非常关注的一个问题。

从众

群体对于我们的影响还体现在它会促使我们去做自己不愿意做的事，即“从众行为”（conformity behavior）。从众并不是指我们和他人的行为一样，而是指我们是因为有他人的存在，而去做自己在通常情况下不会做的事。比如当马路上的红灯亮起，大家停下来，我们也停下来，这不是从众。但是如果当绿灯亮起，大家不走，我们也不走，这就是从众。其实我们可以做自己想做的事，而不是由于大家和自己不同从而选择改变行为。

从众产生的原因大体有两种：一种是“信息性从众”，是指我们通过他人的行为来了解真相、收集信息。著名的“谢里夫游动错觉实验”让我们看到，在很多情况下，人是通过观察他人的行为来确定自己的认知的，群体行为对个体的认知行为有巨大的影响力；另一种是“规范性从众”，是指由于他人的行为给自己造成了一定压力，让我们不得不顺从压力，做出自己不太愿意做的行为，著名的“阿希实验”验证了规范性从众的存在。

经典实验 | 从众是如何发生的

心理学家阿希（Solomon Asch）请学生们自愿做参与者，并告诉他们实验的目的是研究人的视觉情况。当某个参加实验的学生走进实验室时，发现有 5 个人已经坐好（实际上，真参与者只有他 1 人，其他 5 人是假参与者）。阿希要求大家做一项非常简单的判断——比较线段的长度。他拿出一张画有一条竖线的卡片，然后让大家比较这条线和另一张卡片上的 3 条线中的哪一条线等长，在两次正确的判断之后，5 个假参与者故意异口同声地说出一个错误答案。于是真参与者开始迷惑，做出了同样的错误答案。

影响从众的主要因素会是什么？心理学家经过多年研究发现，如下因素会影响从众行为。第一，团体的大小。当团体足够大的时候，人们会出现从众行为，但是如果仅有一两个人，从众行为的压力会比较小。第二，团体的重要性。如果他人对于我们而言非常重要，我们的行为会受其影响。第三，文化背景的影响。心理学研究发现，东方文化强调集体主义的行为倾向，人们的从众表现会多一些；西方文化强调个人主义的行为倾向，其从众压力会比较小。

从众对人的行为有如此大的影响，提醒我们要时刻反省自己的行为，来了解自己是否受到了他人的不必要影响，做出一些违背本意的事情。尤其是当从众行为的产生是由于权威人士的存在，做出一些自己不愿意做甚至对他人有伤害的事，这就是“服从效应”。人们为什么会服从权威呢？其主要原因是，我们遵守的可能是错误的社会规范，并没有去判断权威是否合法和有道德。而且有时我们会自我安慰，不承认服从权威后的行为会给他人造成伤害。还有一些时候，是因为我们没有选择的意志。研究表明，如果能够做出自由意志的选择，服从的倾向会减少。

社会关系

社会心理学关注社会关系，主要是因为人们要与他人进行互动。互动大体分为善意、恶意两类：善意的互动体现在关心、支持和帮助他人；恶意的互动表现为歧视、伤害和攻击他人。

在恶意的互动中，比较常见的是歧视，特别是对不同人群的刻板印象，比如前面提到的地域歧视。歧视和刻板印象产生的原因主要是不平等的社会关系，某些人自视社会地位高，因此歧视一些社会地位比自己低的人群。另外，歧视还可能是一种社会化教育的结果。某些人受到某种歧视性的教育，就会对一些特定的人群、社会阶层和区域产生歧视性印象。还有一些是体制性原因。由于制度的作用，某些人会得到重视，另一些人则会受到轻视。学者格林沃尔德（Greenwald）和巴纳吉（Banaji）曾指出，我们常常怀有内隐的刻板印象，这些刻板印象是无法轻易识别的，它会影响我们对某一特殊的社会群体特征的看法。

导致歧视产生的个人化原因，是我们自己的动机。比如，当我们遇到挫折时，经常会出现替代攻击的倾向性，这种替代攻击，使我们要找一个团体来发泄自己的不满。我们还需要把自己看作社会地位高的人，这样会下意识地歧视那些社会地位低的人。还有时候是因为我们受到了威胁，会觉得别人在抢夺资源，对自己造成威胁，这种威胁感使我们容易产生歧视行为。甚至有时，由于我们需要认同自己的团体，就要对团体所歧视的其他成员产生同样的歧视倾向。

不过有时候，我们会有一些善意的行为，会关心、支持和帮助他人。那么在什么情况下，我们会出现利他的行为？心理学家认为主要有两种原因：第一种是亲缘性的利他。当我们与别人有亲缘关系时，容易产生帮助他人的倾向。进化心理学认为，人是自私的，会对具有自己基因的群体成员产生利他倾向性。比如有心理学家发现，伯伯疼侄子的程度可能比不上舅舅疼外甥的程度，因为舅舅可以确定外甥一定与自己有血缘关系，这就是亲缘性利他所造成的行为差异。第二种是互惠性的利他。美国社会学家霍曼斯（Homans）提出的“社会交换理论”(social exchange theory)发现，人其实是一种互相交换的动物，我们为他人做了一件好事，对方通常会回应我们的好意。

为什么互惠会让我们更愿意帮助别人呢？主要有三点理由：第一，这是一种应该遵守的社会规则。我们去帮助曾帮过自己的人，是一种回馈和报答。第二，减少不适感。当我们感受到他人帮助时，心里会觉得欠了对方的情，从而希望通过互惠的方式以减轻这种压力。第三，社会赞许效应。社会赞扬那些积极助人的人。我们内心需要得到社会的认可，因此愿意进行互惠。

是否有真正无私、纯粹的利他行为？以前，社会科学家不太相信人类具有这种纯粹的利他行为，但心理学家发现，人类在很多情况下会产生纯粹的利他行为，并且不计回报，仅想帮助一些我们认为值得帮助的人。当阳光灿烂、心情愉快的时候，人们更容易产生这种无私的利他行为。对此，心理学家艾森曾做过一个有趣的实验。

经典实验 | 心情对利他行为的影响

艾森在纽约的大街上摆放了一个电话亭，观察那些打电话的人在捡到一角钱并打通了电话，或是丢了一角钱并花了两角钱打通电话，是否有对他人提供帮助的倾向差异。结果表明，那些捡了一角钱后心情愉快的人更愿意去帮助他人，而那些丢了一角钱并花了两角钱导致心情郁闷的人不太愿意去帮助别人。这说明人类的心情对利他行为同样有很大影响。

心理学家还发现，如果有他人存在，助人的可能性会受到一些影响。这就是著名的“旁观者效应”（bystander effect）。

心理学家巴特森曾在一项研究中让参与者回答，如果看到通气孔有白烟冒出来，有谁愿意挺身而出，去告诉别人危险的存在。结果表明，人越多，报告险情的可能性反而受到限制和影响。这也解释了为什么人越多，受难的人得到帮助的机会反而降低。这是因为人少的时候，每个人都有强烈的自我意识和责任感，帮助别人的可能性会增强。

美国社会学家达利（J. M. Darley）与拉塔内（Latané）认为，对于旁观者们无动于衷的冷漠行为，还有其他的解释，比如并未意识到自己的行为因为他人在场而有所不同。为此，他们进行了一项实验。

经典实验 | 验证“旁观者效应”

研究人员选取了72名参与者，并让他们以一对一和四对一两种方式进行实验。实验程序很简单，就是让这两组人与一位假癫痫患者通过对讲机进行沟通。在交谈过程中，假患者会大喊救命，研究人员会记录参与者对这一状况的报告情况。实验结果很有趣：在单独通话的组中，有 85% 的人急迫地报告有人求救，而在有四人同时听到假患者呼救的组中，只有 31% 的人报告。在实验结束后，研究人员询问该组参与者其行为是否受到他人的影响，答复均是没有。

另外，当时间紧迫时，人们帮助他人的可能性会降低，而充足的时间会提升人们帮助他人的可能性。人口密度也会对利他行为产生影响，人口越密集，环境越嘈杂，人们帮助他人的可能性会越低。对于人类的利他行为，责任感也是一个关键的影响因素。如果人们意识到自己的责任，帮助他人的倾向性会显著提高；反之，如果认为一件事与自己无关，帮助他人的倾向性则会降低。

由于攻击是人类社会关系中的极端行为，心理学家也花了很长时间去研究。其中“替罪羊理论”（scapegoat theory）可以解释攻击产生的心理学原因。研究发现，如果人在追求目标的进程中受到阻碍，强烈的挫折感会使人产生对他人的攻击倾向，被欺负的人就是“替罪羊”。这一行为符合著名的“挫折–攻击假说”（frustration-aggression hypothesis）。该理论由美国心理学家多拉德（John Dollard）、梅尔（Maier）、米勒（Neal Miller）等人提出。

多拉德认为，攻击的发生强度与欲求不满成正比，挫折越大，攻击的强度也越大。比如穷困者的挫折比富裕者大，因此穷困者犯罪的概率更高。梅尔则提出“挫折–固执理论”（frustration-fixation theory）。他认为犯罪一般由两种心理动力引起：一种是心理欲求，这种犯罪有偷盗、欺诈、拐骗等，罪犯会在犯罪前计算得失，当得大于失时才会行动；另一种是基于挫折，有性犯罪、杀人犯罪等，罪犯往往会不计得失。这是因为挫折使人情绪激昂，此时的攻击行为是刻板而固定的，甚至没有任何目的。米勒则认为，挫折并不总是会引起攻击。在遇到挫折后，有人会变得紧张、无助或陷入空想，有人则增强了战胜困难的决心。他认为挫折转为攻击，还需要环境中存在引起攻击的线索。

攻击还与我们的社会文化因素有关。有研究发现，一个具有强烈攻击历史的民族，攻击他人的可能性要高于那些强调和平共处的民族。美国心理学家尼斯贝特和科恩研究发现，那些崇尚荣誉文化的人们会有攻击性的心理倾向。美国内部存在着两种截然不同的文化，新英格兰东海岸中部地区的民族冷静而注重合作，定居在南部大部分地区的民族则崇尚武力和个人荣誉。前者多为农场主和手工工匠，后者则多是擅长攻击的猎人和牧人。在南方人居住的地区中，杀人案发率比北方人定居的地区高。

助人行为

助人行为是社会关系中的重要主题。一些心理学家认为，助人会让人更积极，更幸福。

针对这一观点，哈佛医学院的卡罗琳·施瓦茨（Carolyn Schwartz）

博士认为有三个原因：第一，向外投注。当帮助他人时，人们不再仅关注那些让自己痛苦的事，而是看到他人的需求和苦难，并考虑如何帮助他人。第二，脱离自我参照的模式。在帮助他人之后，可以让自己烦恼的事变得不再重要，会改善目的感和自尊。第三，愿意改变，即主动行动。

除此之外，助人行为的价值还有其他依据。加州大学伯克利分校曾追踪调查了近千人的生活。心理学家保罗·维克（Paul Vick）从收集的材料中分析了这些人的助人倾向，并且花费三年时间走遍全美，对他们进行逐个访谈。最终发现，那些曾经表现出乐于助人行为的青少年，日后更易成功。这一结论与他们的背景或智商无关，而是因为他们的生活习惯更好，更关注身心健康，并且具有更高的社会竞争力。他们在帮助别人的过程中锻炼了自己的情商，增强了自信，提高了人际交往能力，这些都是社会竞争力的关键因素。

同样，众多研究表明，乐于助人者的心理更健康、活跃、积极，更敢于迎接挑战，有更多的爱和其他正面情绪，抑郁率和自杀率也会显著降低。当人们去帮助别人时，大脑会产生大量的多巴胺。多巴胺是一种兴奋性神经递质，是人的快乐使者，负责传递开心和兴奋的感觉。因此，助人能够让我们收获幸福，减少痛苦。

当然，并不是所有的助人行为都有积极价值。美国心理学家格兰特（Adam Grant）发现，职场当中表现最好的往往是给予者，最失败的也是给予者。与索取者相比，给予者挣的钱要少14%，在权威性上的评价要差22%，被同伴伤害的可能性则会增大一倍。中国有句话是“马善被人骑，人善被人欺”，大意是指太愿意帮助别人，难免会被别人占便宜，最终受伤的是自己。这个现象提示我们，助人虽好但要提防陷阱，如果策略不对，反而得不偿失。

那么如何更好地助人、助己呢？可以从如下四点做起。

第一，从身边的人开始。古人讲“内举不避亲”，同样，我们可以讲“助人不避亲”。孟子说“老吾老，以及人之老；幼吾幼，以及人之幼”，是指先尊敬自家的老人，再推及别家老人身上；先爱护自家的孩子，再推及别家的孩子身上。帮助自己的亲朋好友是人之常情，我们可以先从帮助他们做起。

第二，从小事开始助人。任何习惯的养成，都需要从小事着手才能夯实，助人也一样。当我们看到有人拎着东西不便开门，不妨主动帮其开门，在公共汽车上主动为老人、孕妇让座等，这些助人的点滴小事，都能使我们养成助人的好习惯。

第三，感情支持。情感的帮助有时比物质的帮助更重要。当女性朋友失恋时，我们与其花钱请她吃冰激凌、看电影，还不如花时间去专注地听她倾诉，陪她渡过难关。

第四，从利己利人的事情开始。如果我们做一件事，既能帮助别人又有益于自己，何乐而不为呢？做这件事之前，有三点原则需要我们注意。（1）要分辨出什么人值得自己帮助。对于劣迹斑斑的人，我们不但不应该帮助，还应在适当的情况下予以惩罚。（2）保护好自己的利益，不能任由别人侵害自己的利益。（3）要保护好其他人的利益，不能因为帮助某人却伤害了其他人。

亲密关系

亲密关系同样是社会关系中不可忽视的存在。心理学家格伦(Glenn)和韦弗（Weaver）调查了近千名美国人，询问他们有关幸福感的各种影响因素的影响程度。最终的结论是，婚姻超过工作、娱乐等其他因素，占比最大。可见，亲密关系对个体的幸福而言是举足轻重的。

亲密关系是人类进化的结果。从进化上看，它可以使基因传播更广泛，帮助我们养育更多的后代。由于生殖繁衍是进化的必然需要，进化的本能会鼓励我们去追求和发展亲密关系。

人类进化有两个重要的特点。第一是直立行走。直立行走给我们带来很多进化优势，尤其是在人类从树林走到草原之后，但同时也带来一个后果，即女性的骨盆变得更小，不利于生育孩子。人类进化的另一个重要特征则是大脑越来越发达。新生儿的头越大就越难从产道里出来。由此造成一种矛盾，即更窄小的骨盆和更大的头。为此，进化采取了折中方案，让人类不会等到成熟后再出生。也就是说，人类“幼崽”都是早产儿，是世界上最脆弱的生命之一，在出生后很长一段时间内都需要他人的全方位照顾。因此，进化会鼓励一种牢固的亲密关系，将父母与孩子紧密地捆绑在一起。

亲密关系还会影响人类的身体健康。有研究发现，离婚可能会导致人的血压升高、免疫系统变糟，处于不良亲密关系中的人死亡率会更高，等等。

那么人类该如何开始并维护好一段亲密关系呢？有三个重要的

原则，即临近性、相似性和对等性。

临近性，是指人们更喜欢那些与自己接近的人。有研究表明，物理距离的临近性是两人能否被彼此吸引的预测条件之一。也就是说，人们会对那些常常出现在自己眼前的人产生好感，即“简单曝光效应”。有这样一项研究：在新学期开始时，研究人员让四个容貌相似、吸引力类似的女大学生，分别在课堂上出现 15 次、10 次、5 次或者不出现，待课程结束时，让同一课堂的男同学评价她们的吸引力。结果显示，出现次数越多的女生，越会被男生认为具有吸引力。

相似性，是建立亲密关系的第二个原则。所谓“物以类聚，人以群分”，在背景、态度、价值观、性格、品德等方面相似的人，更容易彼此吸引。在背景方面，同一个地域、同一个专业、同一个收入水平的人常常更能聊得来；在态度和价值观方面，当我们认同某人对事情的看法时，会更容易喜欢对方；在性格和品德方面，如果双方都是外向型或是为人都很善良，会更喜欢和更欣赏对方。甚至当我们有相似的情绪风格、生活习惯以及被对方模仿动作时，都有可能促进彼此之间的喜欢程度。

研究发现，夫妻之间的相似性通常很高。人们在选择伴侣这一长期关系时，会更倾向于选择相似的对象。这是因为，与态度、信念等方面相似的人在一起时，会让我们感知到更多的支持，内心会更舒服。中国人常常提到“夫妻相”，指的是夫妻二人在外表、气质和性格等方面很像，这也从侧面印证了双方会因为相似性而走到一起。

对等性，是建立亲密关系的第三个原则，即如果我们感受到对方喜欢自己，通常也会喜欢对方。人们都喜欢正面反馈，当感知到他人的喜欢时，会增加自己的正面行为。所谓“投我以桃，报之以李”，在一来一往的互动中，双方关系会越来越好。值得一提的是，对等性在亲密关系中的重要程度，甚至超过了相似性和临近性。一项研究表明，在友谊关系中，三个原则同等重要，但是在爱情关系中，对等性原则更重要。

爱情

爱情是亲密关系的核心概念。每个人对爱情都有自己的想法，以至于在 20 世纪，当心理学家们开始用科学的方法研究爱情时，人们很愤怒，认为爱情是不能用科学来研究的。美国一位国会议员甚至为此写了一篇文章，要求立法禁止用科学方法来研究爱情。

虽然面对阻挠，但心理学家仍旧对爱情进行了大量研究，并形成了众多的理论。美国心理学家斯腾伯格提出了著名的“爱情三角理论”（triangular theory of love）。他认为爱情主要由三个基本成分组成，即激情、亲密和承诺。

激情，是爱情中的情欲成分，是情绪上的着迷；亲密，则是指和对方的关系非常亲近。当两人在一起时，会有一种由于深刻的相互理解而引起的美好感觉；承诺，是指愿意维持双方关系，给对方的决定期许或担保。这三种成分综合在一起会构成爱情。理想中的爱情是这三种成分的共同存在，却不容易实现，于是形成了几种不同的爱情类型。比如以亲密为主，几乎没有激情或承诺，这种爱情更像是友谊，是“喜欢式爱情”；以承诺为主，缺乏亲密和激情，是“空爱式爱情”，这种情况常发生在婚姻的最后阶段；只有激情，对彼此却不了解，没有相互支持的温暖和承诺，则是“迷恋式爱情”。

圆满的爱情难得，片面的爱情难以长久，更好的情况是将两个因素结合在一起。比如，既有激情又很亲密的爱情，是“浪漫的爱”，即罗曼蒂克式的爱情；虽然缺少激情，但既有亲密又有承诺，这种爱情是“伴侣的爱”；只有激情和承诺，却缺少亲密的爱情，是“愚昧的爱”。

爱情通常建立在新奇之上。随着情侣的相处时间越来越长，必然会破坏这种新奇的感觉。“柯立芝效应”（Coolidge effect）呈现了这一现象。美国总统卡尔文·柯立芝（Calvin Coolidge）和妻子参观一家家禽农场。第一夫人向农场主询问如何用少量的公鸡生产出大量的鸡蛋，农场主解释说自家的公鸡每天要履行职责几十次。“请告诉柯立芝先生。”第一夫人听完说。总统听到后，问农场主：“每次公鸡都是为同一只母鸡服务吗？”“不，”农场主回答道，“有许多只不同的母鸡。”总统听完说：“请转告柯立芝太太。”

有研究表明，触发“柯立芝效应”的因素是新奇和多巴胺。前面说过，在多巴胺高亢时，人们会体验到美妙的活力、兴奋；当其下降时，人们则感到单调沉闷、贫乏或衰竭。当多巴胺含量低时，人们很容易受到任何能再次升高多巴胺事物的影响。另外，爱情与情绪唤醒及兴奋程度有较高的相关性。人类不可能经常保持在唤醒的状态。在面对爱人时，我们会慢慢发现对方其实是普通人，曾经在内心中赋予对方的光环会逐渐消失，继而浪漫的爱情可能会难以继续。

第十四章

文化心理学——我们如何被文化背景所影响

人类的心理活动从不是发生在真空中，一定发生在社会文化历史环境之下。

——维果茨基

什么是文化？为什么我们要研究文化心理学？这是人类在21世纪面临的一个非常重要的问题。当今的社会已经越来越全球化，各种文化之间的交流、沟通和冲突对人们的生活有非常大的影响。我们要时刻与来自不同文化背景的人进行对话和比较。中国有句古话讲“不识庐山真面目，只缘身在此山中”，引申出在和他人的交往互动中，我们要拓宽国际化的视野，对自己产生一种全新的认识。

让人们通过与他人的比较，来发现、了解、超越和升华自己，这正是文化心理学的研究意义和价值所在。梁启超先生曾提出，中国人对自己的认识经历过四个阶段：一开始，我们是“中原之中国”，通过中原地区与其他地区文化的比较，来了解中原核心文化到底有哪些特点；后来，我们有了“中国之中国”的概念，通过中国与周边地区文化的比较，来了解我国的一些文化心理特色；再后来是“亚洲之中国”，通过与亚洲邻国，特别是东南亚和东亚国家的比较，来发现我们的文化心理特色；现在则是“世界之中国”，通过国际化的视野和比较，来了解我国人民的心理特点。

所以文化心理学不仅要研究文化，还需要了解文化如何影响人们的情感、道德、行为和社会关系，以及心理活动如何影响着每个人对文化的组织、创造、传承和强化。除此以外，我们还要研究文化的差异性，了解其具有哪些特点以及是如何形成和超越的。这些都是文化心理学的研究课题。2019 年，清华大学通过实证研究发现，中国参与者相对于美国参与者,对于人性的主观评定更倾向于性善的一面。这种人性观的差异，导致中国参与者在道德方面，尤其是规范性道德方面，对人提出了更高的要求，而美国参与者在这一方面的表现不突出。

文化是什么

东西方的学者对文化有不同的定义。西方的文化定义通常强调非物质特性、精神特性及内在特性。在 18 世纪末以前，“文化”一词在西方主要指的是自然成长的倾向，以及人的培养过程。但是到了19世纪，文化作为培养某种事物的用法发生了变化，其本身变成了某种事物。它首先是指心灵的某种状态或习惯，与人类完善的思想具有密切的关系；其次指一个社会中的知识发展的整体状态；再次是表示各类艺术的总和。到19世纪末，文化已成为一种整合了物质、知识和精神的生活方式。东方文化则比较关注文化的外在特性。人们通常把文化理解为“文字教化”。中国最早的文化概念具有文治和教化的双重含义。在古汉语中，文化是以伦理道德教导世人，有“发乎情，止乎礼”的含义。

文化的定义还体现在不同的分析水平上。有些人关注客观的文化，即我们通常所说的文物、古迹，是一种看得见、摸得着的文化差异。还有些人则关注主观的文化差异，通常是指我们看不见、摸不着的文化特性，比如人的精神、气质和人格特性等。

文化如此独特，它是如何影响我们的呢？研究指出，社会学习是文化进化和习得的主要机制。社会学习是指人类向他人习得自己原先并没有的知识与能力，向外部而非自己来获取新的知识，习得他人已然获取的经验。通过社会学习，人类能将那些有效指导行为的文化特质（cultural traits）进行良好的传递。这些文化特质，即我们常说的群体所特有的价值、知识、体验、思想和认识世界的方式等。它们在发展过程中驱动了种族的成功，无论是在原始社会还是现代社会，农业社会还是工业社会。

文化心理学

到底什么是文化心理学？心理学家尚有一些争议。主流的说法是，文化心理学是一门研究人类的主体文化心理特性以及心理对文化影响规律的科学。它建立在两个前提上：一是文化影响人们的心理活动。不同的语言、社会结构、生活方式及思维行为，都会影响我们的心理活动。二是人类的心理活动影响文化的形成、传递和发展。正是因为人类有追求自尊、自信、自强的心理特性，才会创造出各种文化差异，以此来反映和强化我们的独特性。因此，文化与心理之间是互相影响、促进和依赖的辩证且统一的关系。

文化心理学希望解决什么问题呢？首先，检验已经存在的心理学理论、证据是否具有普遍的价值和意义。那些建立在西方文化研究基础上的人类心理活动规律，特别是在美国文化基础上形成的心理学理论、概念以及现象，能否在其他文化环境中得到体现和验证？这是文化心理学希望解决的问题。其次，希望了解文化是否可以变迁。比如，人们的心理活动是否越来越受到其他国家文化的影响？当中国的全球化趋势越来越强，西方文化对我国的冲击和影响越来越大时，年轻人又有什么心理变化？另外，文化心理学也希望帮助人们更多地了解人与人之间的共同性，以及通过文化的分析和比较，来减少各个文化之间的民族中心主义。因此文化心理学的另一个重要价值是，促进不同文化之间的交流、对话、沟通和理解，升华人们的文化差异。

从某种意义上讲，文化心理学与心理学历史是紧密相连的。“心理学之父”冯特不仅创建了实验心理学，还创建了另一个心理学流派，即“民族心理学”（national psychology），通过对神话、典故、传奇等的分析，来了解各个民族文化之间的心理差异。因此，冯特也是文化心理学的奠基者之一。

还有一些文化心理学先驱，是以库尔特·勒温为首的社会心理学家。他们认为人类的行为受到了文化场的影响，这种看不见、摸不着的环境对行为有很大的影响。苏联社会文化历史学家维果茨基（Lev Vygotsky）曾提出，人类的心理活动从不是发生在真空中，一定发生在社会文化历史环境之下，因此他也被看作文化心理学的先驱之一。弗洛伊德同样关注人类的文化现象，认为图腾、禁忌、文明等，都是对人的行为有巨大影响的文化象征。

当然，对文化心理学影响最大的还是文化人类学家，包括早期的米德（Margaret Mead）和本尼迪克特（Ruth Benedict）。她们认为，人类的社会文化心理活动是文化环境的独特产物。在这一领域，哈佛大学心理学家迈克尔·科尔和芝加哥大学人类学家理查德·施韦德（Richard Shweder）等人，都对文化心理学有过突出贡献。

那么，文化人类学派是如何研究文化心理学的？有三种主流研究范式。第一种是跨文化比较心理学。这是在文化比较的研究历史上最悠久、最成功的范式，指的是把一些心理学已经发现的现象和理论放在其他文化下进行验证，从而了解和分析这些现象的普遍性和独特性。例如，将在北方小麦文化下得出的结论，去验证在南方水稻文化下是否依旧成立。第二种是强调民族文化的独特性，这就是本土心理学研究。心理学家试图用本土的理论来解释独特的文化现象。例如根据我国文化和独特生活模式，对心理疾病患者的病因进行分析。第三种是不仅关注不同民族的文化差异，还关注人类心理活动的共同性和相似性。大多数文化人类学家在其研究工作中，主要采用如上三种研究范式，并且采取的是齐头并进的策略。

经典性研究

文化心理学有哪些突出的经典性研究？第一个经典领域，也是最引人注目的，是有关个人主义和集体主义的心理学研究。

社会心理学家吉尔特·霍夫斯泰德（Geert Hofstede）曾在美国IBM公司调查了很多员工，试图发现有哪些心理指标能够预测员工的工作行为。在调查了十几万员工之后，他提出了“文化的后果理论”（culture’s consequences theory）。该理论认为，人类的文化价值对行为有很大的影响，并且在公司的大环境之下，起码有四种稳定的文化特有价值观念对人的行为和人在公司的表现有影响。霍夫斯泰德的研究有着重要的意义，因为他第一次用实证的测量方式来研究文化价值对人类行为的影响。但是该研究也有很多局限性，比如他仅研究了IBM这一家公司的文化价值观念，能否代表人类真实的文化差异是需要探索的。另外他的研究偏重于企业行为，这种文化价值能否在人类其他社会行为中产生同样的影响，也值得探讨。

对此，心理学家哈里·特兰狄斯（Harry C.Triandis）认为，心理学家应该用更准确、精细化的测量来了解人类的个人主义和集体主义倾向。他发明了个人主义和集体主义测量量表，用来研究不同倾向的人在心理行为上的差异。根据测量结果，他发现美国文化是比较典型的个人主义文化，而中国文化则是比较明显的集体主义文化。

还有哪些心理学证据能说明个人主义和集体主义对人类的行为有很大影响？特兰狄斯做了很多研究。他发现个人主义和集体主义的不同倾向,会影响到我们对个人态度及社会规范性的相对重要性判断。个人主义文化价值观念高的人，其行为更多受到自己态度的影响；而集体主义文化价值观念高的人，其行为更多受到社会规范的影响。甚至在个人恋爱的选择方面，个人主义文化的人会相信自己的判断、欲望和追求，而集体主义文化的人则比较愿意倾听自己亲人的建议，尤其是来自父母的说法。

这种文化价值观念的差异，会影响到我们对任务和关系的相对重要性选择。集体主义文化强调工作中关系的重要性，个人主义文化则强调完成任务的重要性。二者的差异同样体现在冲突的解决方式上。当与他人发生冲突时，是通过谈判、讨论和争论来解决，还是通过回避或第三方协调来解决？特兰狄斯发现，个人主义文化和集体主义文化会有不同的偏好及解决问题的策略。

文化心理学研究的第二个经典领域是关于自我概念（self-concept）的文化差别。特兰狄斯发现在自我概念的认识方面，个人主义文化弘扬、提倡独立的自我概念，而集体主义文化则弘扬、提倡相依的自我概念。这两种自我概念对人类行为的最典型影响，是我们对变异的不同反应。独立自我的人，相对而言能够容忍变异，而相依自我的人则不太容忍变异。斯坦福大学心理学教授马库斯（Hazel Markus）和密歇根大学心理学家北山忍（Shinobu Kitayama）同样认为，人类的自我概念是文化的产物。

文化心理学研究的第三个经典领域是有关整体性知觉和分析性知觉的研究。这是由我的导师理查德·尼斯贝特教授和我经多年研究发现的一种系统性的、有预测意义和实践价值的文化差异。我们发现，东方文化更强调整体性的知觉方式，而西方文化则更多强调分析性的知觉方式。研究表明，具有整体性知觉方式的人，很难从包含刺激的背景中将刺激分辨出来，而具有分析性知觉方式的人，其知觉较稳固，不会轻易因为背景的变化而改变，始终能够把观察到的刺激与背景区分开。

那么这两种知觉方式对我们的行为有什么影响？最重要的一点是在归因方式上。如何对万事万物进行归类和总结，是人们理解世界、了解世界的最基本心理活动。概念的形成是通过归类来完成，而不同的知觉风格又对归类产生了不同的影响。比如下面的例子：

假设有三个事物，一头牛、一片草地和一只小鸡。这三个事物中的哪两个应该归为一类？我们发现，具有整体性知觉风格的人，通常会根据事物之间的关系来进行归类，很容易把牛和草归为一类，因为牛会吃草；而具有分析性知觉风格的人，则根据事物之间的逻辑从属关系来进行归类，会把牛和小鸡归为一类，因为它们都是动物。这就是不同的知觉风格对归类方式的影响。

我和师兄莫里斯教授做的实验也可以说明上述结论：我们请参与者观察如下这张图片并询问他们，最下方的花朵应该属于 A 组还是 B 组？调查的结果是，大多数东方人认为最下方的花朵属于 A 组，而西方人倾向于选择 B 组。

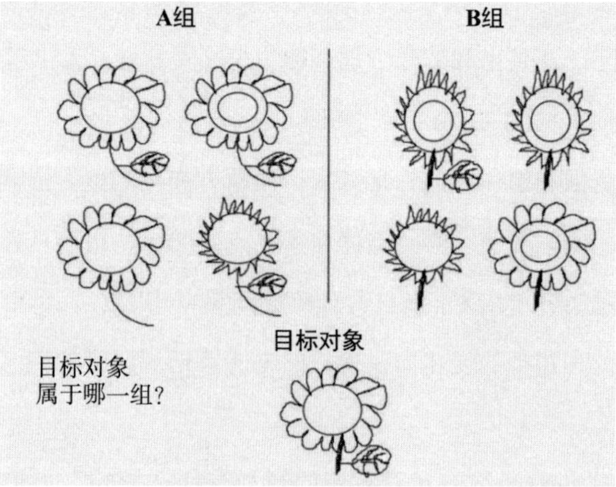

简单来说，选择 A 组是因为它们“看起来很像，所以是一种花”，选择 B 组，则是因为“它们有一样的茎，肯定是一种花”。这也正是东西方文化思维的差异，即东方人喜欢依据关系和相似度来归类，而西方人喜欢按照范畴和逻辑来归类。

另外，以整体性知觉风格为主的东方人，对矛盾信息的处理会表现出较多的辩证思维倾向性。多年前，我在完成博士论文研究工作时发现，如果为中国人、美国人呈现出同样的矛盾信息，中国人会比较容忍事物之间的矛盾并找到妥协方案，而美国人则不太容忍事物之间的矛盾，容易产生极化的判断，并且更容易接受自己以前相信的信息。比如我们为参与者提供两个矛盾信息——A. 北京的蝴蝶扇动翅膀极可能会显著地影响旧金山湾的气候变化；B. 旧金山湾当地的蝴蝶扇动翅膀几乎不能影响当地的气候变化。请问参与者，在多大程度上相信 A？多大程度上相信 B？

我的研究发现，辩证思维强的中国人在如上矛盾信息单独呈现时，会有自然的判断，但是当两个矛盾信息一同呈现时，会产生妥协的倾向，相信两个信息都有可能；而分析性知觉强的美国人在阅读这组信息时，如果两个信息单独呈现，他们会做出和中国人一样的判断倾向，但是当两个信息同时呈现时，他们则出现极化的信息判断倾向，更加相信自己原来相信的信息。

这种对矛盾信息的容忍和不容忍态度，还反映在对具有矛盾意义的谚语的喜好程度上。有些谚语具有矛盾信息的判断意义，比如“塞翁失马，焉知非福”就是一个辩证意义很强的谚语。对于这类谚语，中国人的喜爱程度明显高于美国人。

文化启动

文化启动，是指激活人的文化价值观念，检验这种激活是否影响到随后的心理和行为。如何证明文化的价值观念、语言的不同以及生活环境的差异，会影响到人的心理活动？这就是文化心理学家从事文化启动（culture priming）研究的主要动机。文化心理学家设想，如果能够发明一种方法使人的文化价值观念得到启发，是否会对当时的心理活动产生影响？这便是文化启动的范式。这种启动范式通常会用一个充满不同文化价值观念的故事进行。通过该故事的影响，来看一下人们的心理和行为判断有怎样的差异。还有的心理学家利用代词的不同，来看能否引发人们不同的行为和心理，比如强调“我”还是强调“我们”。

另有一些心理学家则采用不同的文化符号，来启发人们已经存在的各种观念、价值和行为方式，从而了解不同的符号在启动之后是否会造成人们判断的差别。其中最著名的研究者是华人心理学家赵志裕、康萤仪夫妇。他们通过不同的文化符号启动，比如中国的文化符号如长城、孙悟空等，以及西方的文化符号如自由女神像、华尔街等，来观察具有双重文化认同的中国香港地区的参与者在不同的文化符号启动条件下，是否对“莫里斯－彭鱼范式”的判断产生差别。最终发现，如果启动中国的文化符号，人们的反应更多倾向于中国式反应方式，在看鱼的时候体现出更多的集体主义归因倾向。如果启动美国的文化符号，这些参与者则表现出与美国人相似的归因方式，更多关注个体鱼对其他鱼的影响作用。

第四部分

越积极，越幸福

第十五章
走近积极心理学

积极心理学之目的是促进心理学发生变化，从只修复生活中最坏的方面到同时构建美好生活中最好的品质。

——马丁·塞利格曼

很多人误以为积极心理学（positive psychology）是20世纪90年代的新兴学科，其实并非如此。它的兴起，不但继承了心理学中早已存在的人本主义精神，也是20世纪末期人类思想界和学术界所达成的一种共同认识。从大数据的角度来讲，人类的进步和发展靠的是人的积极天性，而不是消极、阴暗、龌龊、残忍的一面。有很多数据表明，人类其实在往积极的方向发展。所以，积极心理学的兴起是人类思想一次大反省的结果，也是一种必然的趋势。

人类在21世纪面临的一个重大的生存挑战，不是禽流感、地沟油和雾霾，而是我们的心态。清华大学行为与大数据实验室曾经对谷歌收集的人类所有出版物进行了大规模的心理学分析，结果发现，人类在两个重要的心理维度上出现了严重滑坡：一是信仰，即我们对生活的意义产生了严重的忽视和淡漠。从公元1800年至今，人们对意义的探索变得越来越少。二是幸福和积极的心态发生了严重滑坡，人们已经不太关注积极、主动的心理活动。为此，联合国宣布3月20日是国际幸福日，以此来唤醒全世界人民对心理健康、心理卫生和幸福的追求。2017年3月20日，我曾代表中国心理学界、中国科学界和世界积极心理学界参加了联合国的国际幸福日纪念活动，并做了有关积极心理学与中国发展的主题演讲。

近些年我们根据中国人的文化和心理特点，结合幸福科学的经典理论并运用大数据研究方法，对中国人的幸福主题进行了深入研究和解读。其中包含中国城市幸福指数排名，测算幸福与经济发展的关系以及中国人的幸福走势图等，多次为国家及地方政策制定者提出建议和参考依据。值得一提的是，通过社交媒体进行大数据计算研究，并将研究结果定期在国家范围内发布，为政策制定者提供建议和参考依据，这种方式已成为国际科技发展的最新趋势。许多国家的研究范围大多集中在经济、政治、军事和医疗等领域，我们率先将其引入心理健康领域，关注的是每个中国人的幸福。

那么，我们为什么要关心国民幸福问题？这是因为工业化、城市化为我们带来便利的同时，也带来了很多社会问题，尤其突出的是人的心理问题。在过去的200年间，我们过分地强调功利主义、社会达尔文主义以及从严原则，再加上对个人主义的强调以及农村城市化等因素，使人们的积极性大幅下降，还有对道德的模糊、对存在意义的迷惘以及心理压力的增加等，这些都需要积极心理学的帮助。

并且，当前我国进入一个全新的历史时代，提倡中国梦、文化强国和美丽中国。这些与理想、梦想、美丽、文化相关的主题都是积极心理学所关注和研究的主题。从某种意义上讲，中国梦的实现需要积极心理学的支持、指导和实践，因为它和我们的传统智慧密切相关。比如我们常说“修身、齐家、治国、平天下”，在此之前，要“格物致知、诚意正心”。何谓正心？指的就是修心和觉悟，它是我国传统文化的核心认识。

冯友兰先生在抗日战争最艰苦的时期曾写了六本哲学书。在其中一本书的序言里，他把自己为什么要追求“诚意”“正心”讲得清清楚楚：“‘为天地立心、为生民立命、为往圣继绝学、为万世开太平’是做哲学、文化、老师的人应该有的境界。”我们可能做不到这样伟大，也做不到为民请命，但是我们的心要往这方面想，这叫作“正心”。为什么传统文化的“诚意”和“正心”在现代中国同样重要？因为心理科学证据证明，它是我们健康长寿、事业成功、社会进步特别重要的心理基础。

前面提到，心理学在过去100年间有一种负面优势倾向，即关注了太多的人类负面心理活动。泰勒·本-沙哈尔发现，在过去的一段时间，心理学家讨论了过多的负面心理问题，却很少讨论积极心理问题。有关抑郁、焦虑、恐惧的研究，远远多于对幸福、希望、快乐的研究，这个比例达到了惊人的8∶1。也就是说，每发表八篇与负面心理有关的文章，仅有一篇与积极心理有关的文章发表。正是因为如此强大的负面优势效应，马斯洛也指出，我们不仅关注了太多的患者心理，还以此来推测正常人的心理活动，这是不全面的。

前面说过，马丁·塞利格曼的成名研究是“习得性无助”。其大意是，当我们不能改变自己命运的时候，会产生一种无助感，这种无助感对心理健康有极大的伤害。那么如何预防这种无助感并修复它？塞利格曼提出，我们应该有积极主动的心态。他当选美国心理学会主席之后，指出21世纪应该是积极心理学的世纪，心理学应更多地关注和研究人类的主观幸福感。比如，我们应该讨论什么事、什么活动才能让人幸福快乐？怎样的心理特性才能让自己变得卓越和成功？怎样的心理学原则和措施能让团体、社会和国家更加积极？

塞利格曼曾对大学生做过一项研究。首先，他调查学生的乐观程度，并依统计学上四分位数的方法选定较不乐观的学生参加研究。之后再用随机的方式将参与者分为两组，控制组不施以任何介入，实验组则加入可以提升他们乐观技巧的工作坊。经过十年的追踪后发现，曾参加工作坊的参与者中有13%，控制组则有27%出现中度抑郁。随后塞利格曼又追踪另一群10~12岁即有轻度抑郁症状的儿童，其中67名接受积极心理学技术的介入，另外47名为控制组。在连续两年的追踪后发现，控制组儿童出现轻度到中度抑郁的比例为44%，是接受积极心理学技术介入组（22%）的两倍之高。由此，塞利格曼的结论是：积极心理不仅可以预防学龄儿童抑郁的发生，同时也对轻度抑郁症青少年有益。

或许有人会问，为什么积极心理有这么重要的意义和作用呢？

归根结底，这其实是人类生存进化而来的积极优势。长期以来，许多人认为人类的天性是竞争，这其实是错误地理解了达尔文主义的精神。我们在谈到人和动物的进化过程时，讲得最多的是自然选择机制。比如谈到恐龙消亡，大家会认为它们是在自然选择过程中，不能适应变化的环境、没有拥有足够多的资源而被淘汰的。依照此逻辑，人们会认为只有抢占资源、获得资源，基因才能被选择留存下来。

但很少有人会意识到，人类的自然选择其实还有另一种选择机制，这就是我们通常所说的异性选择。异性选择使我们追求美、追求魅力。比如，雄性孔雀始终保持开屏的特性并不是为了逃生，如此张扬和招摇的开屏是很容易被天敌发现的，对逃生并不利。开屏的真正原因是为了吸引异性。同样，人类也具有异性选择，并且在其中还包含着另一个重要机制——文化选择。何为魅力，何为美？人们在思考这些问题时往往会受到文化选择的影响。文化决定了选美标准，使得人的主动选择具有一定的社会属性。

第二个重要的差别是人类女性演变而来的狭短的骨盆。前面提到，由于直立以后重心的变化，人类女性需要调整骨盆。雌性动物的骨盆比较大，所以它们在受精以后，可以依靠自己把幼崽生下来。但是人类女性因为骨盆的变化，在一定程度上加大了胎儿流产的风险，这就会促使她们下意识地选择有责任心、有爱心的男人做自己孩子的父亲。因此，爱和责任也成为人类进化而来的一种积极优势。

人类与动物还有许多差异。比如人有大量的裸露表皮，由此增加了接触的快乐；由于大脑与语言加工能力、理解能力、创造能力、想象能力密切相关，因此语言的沟通和表达也成为人类的一种积极优势。另外，对他人更准确的理解也是我们与动物的区别。当看到刚回家的妈妈东张西望、寻找东西时，一个两岁半的孩子会主动地问妈妈是否在找鞋。这样一句简单的问话，反映出了人类伟大的灵性。由此我们可以看出，人类在6000万年进化中选择的是正面积极的心理活动，而非负面消极。

在神经生理层面上，大脑活动和结构也可以为积极人格和美好的生活体验助力。脑成像研究表明，大脑皮层，比如眼窝前额皮质、扣带皮层、前额叶皮层，是与愉悦感、幸福感相关的关键区域。个体的性格和气质也与大脑皮层的激活有关。也就是说，激活大脑相关区域，可以提升我们的幸福感。除此之外，在中国文化中也蕴藏着积极心理的宝藏。经研究发现：

第一，我们倾向于强调他人的感受对自己的重要性。美国一位心理学教授曾做过一项有趣的研究，他请美国、中国的演讲嘉宾回忆自己在台上的表现以及听众的反应。有意思的是，中国的演讲嘉宾总是特别关注听众的反应,而美国的演讲嘉宾仅关注自己在台上的表现。中国人对自我之外的他人感受的关注，会让自己觉得个体的某些情绪变化、心理反应并不那么重要，从而避免出现严重的心理问题。

第二，我们习惯于使用辩证的思维模式，对矛盾的容忍程度很高，甚至很多时候，还会主动去发现一些矛盾。比如某个学生考试考了100分后，马上会提醒自己，下回不一定能考到100分；当某次汇报很好时，会告诫自己一定不能骄傲，要多关注不足之处等，这就是中国人习惯的思维模式。它能够帮助我们降低对自己的期许，甚至进行自我批评，并在这个过程中不断地进行心态的平衡和调节。

第三，我们更容易接受积极情绪和消极情绪的共存。我将其称之为“情绪复杂性”或“辩证情绪”。东方文化会认为人有情绪共存的情况，允许积极情绪和消极情绪同在，比如前面提到的“悲喜交加”。这使得我们在遭受了挫折、失落、痛苦的时候，不会产生强烈的情绪反应和走极端，因为我们总能为消极情绪赋予更多的含义，挖掘出积极的意义。例如，我们强调“先苦后甜”，强调“痛苦的人生有特别的意义”等。西方文化则不愿承认人类有多种矛盾的情绪同时出现。

我始终认为，如上内容是独属于中国人的伟大智慧，是特别重要的文化优势，也是整个民族一直保持积极乐观、坚韧不拔的核心因素。它更是我们在积极心理学领域对世界做出重要贡献的根源所在。当前在国内，积极心理学已形成星星之火燎原之势，在各个领域，尤其是面向大众的科普领域，逐渐成为心理学的新领军者。越来越多的人正在学着用积极的视角、正向的态度来看待生活，成为自己的积极心理学家。

第十六章

幸福，就在不远处

不认为自己幸福的人永远享受不到幸福。

——贺拉斯

积极心理学的一个重要研究领域是人类幸福。中央电视台曾做过一期采访节目，记者随机询问街头的中国老百姓“什么是幸福”。这样一个简单的问题却得到了五花八门的答案，可见大家对此并没有进行过认真思考。甚至是对中国人之人心、人性、人情了解深刻的诺贝尔文学奖获得者莫言先生，在面对这一问题时，同样不知道答案。究其原因，或许不是因为我们没有幸福，而是不清楚什么才是幸福。

我们对幸福的最大误解是把它当作一种哲学思辨的抽象概念，而不是一门科学。真正的幸福并不是抽象和虚幻的，而是具有生理、健康、行为的准确指标。比如，心理学家已经定位出了幸福所在的神经区域。心理学家理查森（Richardson）发现，人类在观看快乐婴儿的照片时，大脑前额叶的左侧，即左耳的前方，有一个对应的幸福活动中枢；而在观看场面悲惨的照片时，大脑右半球的相应区域会被激活。也就是说，幸福和痛苦都有其存在的神经生理基础。

同样，幸福与我们的健康密切相关。研究表明，幸福的人得抑郁症、冠心病或其他重大疾病的概率要小许多。塞利格曼曾发现，针对抑郁症的心理治疗，积极心理治疗方法和传统医药治疗方法同样有效。另外，幸福也与工作、学习密切相关。快乐的人的解决问题能力更强，谈判效率更高，学习更专注。荷兰的研究人员发现，那些通过自我对话给自己打气的孩子，其数学成绩在一段时间之后会获得一定程度的提高。

这一结论来源于乌得勒支大学心理学教授桑德·托马斯（Sander Thomaes）博士的一项研究。教授提到："我们通常会建议父母和老师多鼓励孩子，尤其是在孩子压力大的时候，比如在他们参加学业考试时，我们可以鼓励他们反复地进行积极的自我对话。"该项研究显示，专注于努力的自我对话过程，会在一定程度上改善那些有着消极能力信念的孩子的行为表现，会切断消极能力信念与不良表现之间的联系，尤其在那些对自我能力持否定态度的孩子身上。

哈佛大学特蕾莎·阿马比尔（Teresa M.Amabile）教授则认为，幸福是巨大创造力的源泉。她在研究了一些获得诺贝尔科学奖的著名创造天才之后发现，他们在获奖之前都有一些特别幸福的经历。心理学家阿迪（Addy）曾对一批幸福的人持续追踪了19年，发现这些人每年的基本工资普遍比那些不幸福的人多2.5万美元。换句话说，当美国人均年收入是3万美元时，幸福可以使人多得近一倍的收入。所以从某个角度讲，幸福就是"真金白银"。

有人认为，幸福是“吃饱喝足”，这其实是一种误解。心理学家发现，过分满足自己的生理欲求并不会带来长久的幸福。过度的饮食满足与抑郁症的发生有着密切关系。英国心理学家追踪研究了3000多人发现，那些简单饮食的人得抑郁症的概率较低，而那些过度饮食的人，特别是吃高脂肪、高蛋白、高热量食物的人得抑郁症的比例要高很多。同样，幸福也不是简单的有钱。长期以来，我们误认为金钱与幸福密切相关。所谓“贫贱夫妻百事哀”，这是中国人对幸福与金钱关系的一种简单理解。但实际上，心理学研究发现，幸福与金钱没有绝对的对应关系，有钱的人不一定幸福。

心理学家菲利普·布里克曼（Philip Brickman）的名字可能不为我们所熟知，但他的一项研究结论却十分流行：无论是幸运地中了彩票的人，还是不幸地遭遇事故的人，感到极其幸福或不幸都是在短时间内发生的。一段时间后，他们的幸福感会回到原先的水平。研究人员找来22名中了大额彩票的幸运者（中奖金额为5万美元到100万美元不等）、29名因事故瘫痪的不幸者作为参与者，并找来22名没有遭遇过上述事件的普通人作为对照组，对他们进行一对一的访谈，询问其当下的幸福感，以及对事件发生前（对照组以6个月前为参照）和未来一两年中幸福感的评估。

结果表明，那些中了彩票的人并不比其他人感到更长久的幸福，事故的受害者尽管当下感到更不幸，但他们对未来幸福感的感受与其他人并没有显著差异。布里克曼提到，在当下、过去和未来的幸福感方面，事故受害者和对照组相比，对过去的幸福感的评分更高，对当下的幸福感的评分更低,但两组对未来幸福感的预估并没有显著差异。而彩票中奖者和对照组相比，在当下、过去和未来的幸福感方面均没有显著差异。对大众而言，这项研究传递了一个简洁有力的信息：有钱不等于幸福。

还有人认为，幸福是对比而来的，自己只要比别人活得好一点，就很幸福。这个观点也是错误的。人类在进行比较时，经常会有看不见的误区。在很多时候，我们既不知道比什么，更不知道和谁比，往往会与别人的鲜明优势进行对比，而忽视了该特性可能仅是对方的一个方面而已。比如，很多人和李嘉诚比财富，由此认为自己不幸福，但其实如果我们和李嘉诚比年龄，很多人是有幸福的资本的。由此可见，真正的幸福一定是积极人性所体验到的快乐。

从某种程度上讲，幸福是人生成功的重要心理保障。长达几十年的心理研究证实，幸福的人一定是行动积极、有所追求的人，创造力也比其他人高很多。比如，快乐的医生容易做出准确的判断，而不快乐的医生容易误诊。这也是为什么有些媒体提到，医闹其实是在逼迫医生做出错误的判断，最终受害的是自己。

当前关于幸福的概念有很多误解。我认为一个重要的原因是，在过去很长一段时间里，人们受到社会达尔文主义的影响较大，坚信人是自私的、互相竞争的，如果不强大就一定被淘汰，强调“适者生存”。前面提到，这种解读是对达尔文主义的篡改。达尔文主义的真正主张是，人和其他生物是平等和平行进化的。人类的进化不仅是自然选择的结果，也是异性选择的结果，其重要任务是繁殖后代。

那么如何选择异性？有一个很重要的机制是“美者生存”。当今女性在选择伴侣时，对男性“美”的标准，更多意味着有爱心、有责任感，而不是凶悍和有战斗力。几千万年的人类进化史，促成我们喜欢有智慧、有担当和会沟通的人，这是人的特性，其实也是进化的选择。一个特别简单的证据是：人类有个重要的神经系统叫“迷走神经”（vagus nerve），它是人类体内最长、最古老的神经通道。长期以来，科学家认为这种神经仅与内脏的腺体分泌有关系，但现在发现，它与人的道德行为、幸福行为有密切的关系。当这种神经张开的时候，我们往往会特别开心。

人类在完成直立行走这一飞跃后，自然而然地希望自己的神经处于一种舒展状态。试想一下：当你看到一个美好的事物，一定会挺胸抬头、心胸开阔；反之，则一定会身体紧缩压迫，下巴收紧。这也是某些象征着崇高、伟大的事物，比如纪念碑等，都比较高耸挺拔的原因。也就是说，进化是选择积极天性的过程。

另外，幸福不能外求，要靠自己来创造。举两个例子：一是，我有一次在上海开会，会议一直到晚上 7 点才结束，飞机在 8∶30 起飞。为了赶上飞机，我一路奔跑，从乘坐地铁到打出租车，再乘坐磁悬浮列车，等赶到机场时已经过了 8∶00，机场工作人员正准备关门，经过我的努力，他们最终让我上了飞机，此时离起飞只剩下 10 分钟；二是，在同样的场景下，我赶到机场时已经过了 8∶00，发现飞机将晚点 10 分钟，我顺利地登机。这两种情况，哪种会让我更有满足感？显然是第一种。经过自己的努力、奋斗和思考所获得的满足，才是更长久的幸福。

经典实验 | 幸福与道德密切相关

心理学家伊丽莎白（Elizabeth）曾做过一个有趣的实验。她让两组参与者做不同的思考，一组参与者思考如何为自己花一笔钱，另一组则思考如何为他人花一笔钱。最终发现，思考如何为他人花钱的参与者，所产生的幸福感要超过思考如何为自己花钱的一组。为什么会有这种现象？因为人生来就有一种共情能力，它来自我们的镜像神经元。当我们在观察、理解、分析别人的行为和心理活动时，会产生对应的神经元活动，也就是说，当别人快乐时，我们也会快乐。

心理学研究还发现，当人们实践美德行为时，比如参与公益、捐助他人等，都能产生幸福感。并且人们更倾向于认为有美德的人更幸福，尽管研究证明二者只是相关，但同样可以说明它们的紧密联系。

针对科学的幸福观，塞利格曼曾提出著名的“PERMA 模型”：P（positive emotion），指的是积极的情绪，也就是说，幸福的人一定是体现在积极的情绪上；E（Engagement），指的是将自己全身心投入幸福中；R（relationship），是指幸福的人一定要与人联系在一起，有积极的社会关系、坚强的社会网络，以及人与人之间的互动；M（meaning）代表意义，指幸福的人一定会在自己的生活、工作中，找到意义所在；A（accomplishment），是指幸福的人一定有成就感，会在生活和工作中找到令自己满意的状态。研究表明，全面的幸福，一定是在这五个维度上的充分发挥、体验和展示。

既然幸福如此美妙，让人魂牵梦萦，如果过了头会怎样？耶鲁大学的科学家针对这一疑问写了一篇名为《幸福有阴暗面吗》的文章。该文章表达了两个观点：一是幸福并不总是好的；二是何时以及何种幸福是不好的。作者在文章中表明立场：正确的数量、时间、目的和方法，对幸福非常重要。他们认为人类有四种不好的幸福。

第一，过度的幸福。不是越幸福越好。如果人有太多的积极情绪，反而会引发个体过度冒险，比如酗酒、暴饮暴食、吸毒等。研究表明，人在太高兴时，容易做出失去理智的行为，并且会忽略危险及威胁的严重程度。第二，不合时宜的幸福。当坏事发生的时候，如果我们仍然感到幸福是不适宜的。比如他人遭遇亲友去世，在这个令人痛苦的时刻，我们不应该在其面前表现出幸福的样子。第三，用错误的方式追求幸福。人获得幸福有多种正确的途径，但也有一些不恰当的方式。比如很多人在觉得不幸福时，会去大吃大喝、疯狂购物，利用消耗自己的方式来满足幸福感，此时得到的只是短暂的开心，并不能长久。第四，错误的幸福类型。比如有人靠战胜别人来得到幸福，借用攀比心、自傲、不良竞争、贬低别人来获取。

由此可见，过多的、时间过长的幸福不一定是好事，恰到好处的幸福才是最好的。研究发现，假如一个人过于看重幸福，反而会导致自己的不幸福。科学家通过调查随机对象后得出一个结论：那些看重幸福的人，在低压力情况下会更不幸福，其情绪更差、生活满意度更低、抑郁指数更高。在高压力情况下，看不看重幸福则没有显著的区别。科学家对此的解释是，在高压力情况下，两种不同幸福水平的人其实都不太幸福，所以看不看重幸福没有太大区别。可是在低压力情况下，那些比较看重幸福的人，会经常感到失望，怀疑自己为什么没有那么幸福，于是反而降低了幸福感，增加了抑郁水平。在通常情况下，人类的现实生活中不会持续地出现压力，即实验中的低压力状况。由此提醒我们，当对幸福保持顺其自然的心态时，人生才会减少很多遗憾。

当然也有人质疑该结论，认为只有平时不太幸福的人，才会重视幸福，所以无论什么时候，感到不幸福的都是那些不幸福的人。科学家对此又做了一个实验，他们把参与者分为两组，告诉其中一组参与者幸福很重要，需要注意幸福；对另一组则什么也不说。实验得到的结论依旧与之前的结论一致，即一个人越重视幸福与否，其承受的压力和感知到的不良情绪就越多。

那么人们如何在日常生活中找到真实的幸福？经过多年研究，我认为幸福有“五要”，拥有它们越多越幸福。一要笑口常开，笑有释放压力、增强免疫力、减少痛感、保持乐观等功效。二要动起来，常行动、多运动的人情绪更饱满。三要有话直说，积极地沟通与表达，从与人相处中获得愉悦。四要常看好人好事，从身边的小事中发现真善美。五要用心感受世界，由衷地体验生活乐趣。

另外，很长时间以来，我一直在思考为什么社会科学是中国人应该研究的学科，为什么心理科学可能是人类21世纪最前沿的学科。

答案是我们进入了人工智能的时代。人工智能引起的焦虑是非常突出的。心理学有一个概念叫“恐怖谷”（Uncanny Valley）。随着人工智能能力的增强，人类对它的满意度在不断提高，但当人工智能的程度达到某个阈值，具有了相似的人性，让人突然感受到威胁的时候，人们对它的满意程度会断崖式下跌。虽然现在人工智能的发展尚未达到“恐怖谷”的阈值，但是我们可以预见到，未来的焦虑一定会在“恐怖谷”发生。而在地球上、在宇宙中间，我们唯一了解的智能是什么？不是别的，正是人类自己的智能，即心理活动。

我和我的同事们始终在探索用现代科学的方法，来了解人类的心理活动、改善心理健康以及提高幸福感受，让“你幸福吗”这个问题不再被视为笑话或谈资，而是真的变成一个科学前沿的问题。2016年4月16日，在清华大学建校105周年、清华大学心理学系建系90周年之际，清华大学幸福科技实验室在北京正式成立，这标志着我国建成世界第一个将积极心理学研究成果进行转化的科技创新孵化平台。

实验室通过生化技术、基因技术、神经技术、可穿戴技术、干预技术来打造幸福科技云平台，汇聚全球最先进的有关健康幸福的科技产品。近几年来，实验室已吸引来自全国各地越来越多的人来参观、学习。很多参观者由衷地感慨：实验室的三个口号特别有意义，即“让科技使人变得更加健康，让科技使人变得更加和谐，让科技使人变得更加幸福——健康、和谐和幸福”（三个英文单词分别是Health、Harmony、Happiness，所以也被称为“3H”实验室），一定会帮助我们在现代生活中找到真实的幸福。

第十七章
品格优势与感恩

人格是大地之子最崇高的幸福。

——歌德

品格优势

除了研究幸福以外，积极心理学也研究人类的各种优势。马丁·塞利格曼和我的导师理查德·尼斯贝特，曾经对世界各个文化所关注的人类优势和美德进行了系统分析，总结出人类优势的“VIA 模型”，即 24 种人格力量测验。其分为六个部分，具体包括：（1）智慧和知识。指的是我们如何更好地获取和应用知识，包括创造性、好奇心、热爱学习、思想开放、洞察力。（2）勇气。是指我们展现意志和面对内外部的情感对抗，包括真实、勇敢、坚持、热情。（3）人道主义。是指我们对他人友善相待和提供帮助的人际品格优势，包括善良、爱、社会智慧。（4）公正。是指作为健康的社会生活机制的公民品格优势，包括正直、领导力、团队合作精神。（5）节制。被很多人认为是所有道德的根本，包括原谅 / 怜悯、谦卑 / 虚心、审慎、自我调节。（6）卓越。是指锻造我们与宇宙和整个世界更广泛连接，以及给生命带来意义的品格优势，包括对美和优点的欣赏、感激、希望、幽默、虔诚 / 灵性。

积极心理学发现，弘扬优势的人比修正缺点的人更容易发挥自己的特长，从而在工作、生活中取得成功。积极主动的人生会反映在我们对自己生活的满意程度上。著名积极心理学家迪纳(Diener)认为，如果一个人满意自己的生活，觉得自己已经被厚待，即便生活可以重来一遍，也不认为有需要改变之处，此时他一定会体验到主观幸福感。主观幸福感指的是个人根据自定的标准，对其生活质量进行整体评估而产生的体验，包括正性情绪、负性情绪和生活满意度三个方面。

为什么乐观主义精神对人们更有价值和意义？我们的研究发现，乐观的人活得更长，积极情绪更多，更容易获得大家的喜爱。流行病学家大卫·斯诺登（David Snowdon）曾追踪一批修女很长时间，发现那些乐观积极的修女往往更长寿、更主动。

从 1986 年开始，斯诺登教授对圣母修女学院的 678 位修女进行跟踪研究，发现年轻时比较乐观的修女，到了年老后更不容易患老年痴呆症，而经常焦虑、动怒的人岁数大了以后更容易中风和患心脏病。几年前，斯诺登又研究了 180 位修女在 20 多岁时写的自传，发现对生活乐观向上的修女会在自传中多用“幸福”“快乐”“爱”“满意”和“充满希望”等字句，而且要比悲观的人平均多活 10 年，尽管她们的生活条件、生活方式都是一样的。

马丁·塞利格曼在自己的《持续的幸福》（*Flourish*）一书中指出，积极心理学的研究对象，即人类要追求的目标是“well-being”，也就是蓬勃美好的人生。它分为五个支柱：正面情绪、投入、人际关系、人生意义和成就。这五个支柱都有着同样的基石——品格优势和美德。他曾在书中提到一个故事：

有一天他在家里的花园除草。这时候，他5岁的女儿妮基（Niki）跑过来说要帮爸爸除草。塞利格曼高兴地答应了，可是5岁的小孩总是好心办坏事，妮基也不例外。她帮爸爸除草，其实是玩草，把塞利格曼已经锄好的草丢到空中又唱又跳。塞利格曼很生气地把她赶走。过几分钟后，妮基走回来说要和他谈谈。她说："爸爸你还记得我5岁之前的样子吗？那时我特别爱哭闹、爱抱怨，可是在我5岁生日那天，我下决心以后再也不抱怨，再也不哭闹了。假如我可以做一个决定变得不再哭闹，你为什么不能做一个决定变得不再发脾气呢？"

塞利格曼听完，感觉像被电击了一样。他在书中写道："我明白了要教育好自己的女儿，不能通过校正她的缺点来做到，她可以改变自己，只要肯下决心。我的任务应该是培养她的优势，根据她的优势去引导启发她。"由此他想到，如果心理学的作用是帮助人们发挥自己的优势并对社会有益，心理学家会有更大的发挥空间。积极心理学的概念自此而生。

积极心理学主要创始人之一克里斯托弗·彼得森（Christopher Peterson）和马丁·塞利格曼在调查了古今中外的主流文明后，得出了符合品格优势和美德的几个标准：（1）多数人都有的。

（2）必须有价值。（3）本身是目标而不是手段。例如，我们认为宽恕是好的，想做宽容的人，这是目标。但是如果我们觉得宽恕别人可以给自己带来好处从而追求宽恕，这是一种手段。（4）这些品格并不是某些不好品格的反面，丢掉不好的品格，并不会让我们自动获得好的品格。比如我们不会因为远离了凶恶和冷漠，就成为善良和友爱的人。（5）这些品格不会妨碍别人，并会得到欣赏。比如幽默和刻薄，当我们与他人相处很幽默时，会让对方感到舒服；相反，如果我们刻薄待人，可能会让对方不舒服，甚至给对方造成伤害。刻薄就不是品格优势。（6）这些品格是社会提倡的。（7）这些品格是天赋。（8）这些品格具有普适性，在不同文化和种族之中都被认可。

尽管品格优势是西方人总结出来的体系，但它似乎与中国的文化有天然契合性。我国文化中的儒家、道家和佛家思想，都非常强调超越性。比如儒家思想强调道德和修身，强调要提升自己的品格修养。最重要的经典著作之一《大学》开篇提到“大学之道，在明明德”，大意是人们天生就有道德，只不过被后天的欲望所掩盖，故人一生要做的最大学问就是让被蒙蔽的道德重现光明。此外，儒家最重要的修齐治平等，也以修身为基础。

这个观点同样与西方哲学的观点相契合。我们知道英语中的“教育”一词是 educate，它来自拉丁语，ducate 是引的意思，因此，这个词意味着教育是把生命中原本就有的美好事物引出来，而不是把没有的美好事物灌输进去。苏格拉底曾说“教育不是灌输，而是点燃火焰”。同样地，积极心理学也强调品格优势和美德的与生俱来。

那么我们如何才能觉察自己的品格优势和美德？“积极自我介绍”或许可以助我们一臂之力。它是一种通过讲述一个最佳时刻的故事来认识自己优势的方法，即我们要从好的一面来向别人介绍自己。例如某人在向他人介绍自己时，提到“本科第一学年我获得了一等奖学金、研究生期间我积极参与志愿服务、帮朋友解决了难题”等，这就是“积极自我介绍”。在日常生活中，我们要尽力表达自己在最佳时刻展现出的某一项美德,并在讲述的过程中感受和觉察自己及他人。中国文化可能更强调为人谦虚、低调，但是我们要认识到自己的优秀品质也值得尊重。

同样，关注和展现优势会影响个人的发展。盖洛普公司做过一项横跨 29 个国家、7 个行业、34 家单位，总共涉及 19 187 名员工的大规模调查。结果发现，领导和下属传递信息的方式对其业绩有着重要影响。如果领导强调下属的优势，反馈下属的优点，就会提升他的业绩；反之就会降低业绩。进一步分析发现，强调优势还会增强下属的自主投入、责任感、工作匹配和支持感，作为传达优势的领导也会一同获益。有研究发现，注重发挥下属优势的领导，其成功的可能性会比那些不注重下属发挥优势的领导高 86%。

除了职场外，当今的教育行业也掀起了一种潮流叫“优势教育”。它是指在开展教学活动前，先测量学生和老师的优势，并鼓励老师在教学活动中发挥自己的优势，鼓励学生有意识地使用自己的优势进行学习。研究发现，优势教育可以提高学生上课的质量，促进注意力的集中，改善课堂学习氛围。另外，关注优势对家庭教养也很有益处。我们后面将谈到“优势教养”，强调作为父母只有关注孩子的优势并因势利导，才能使孩子更加优秀和幸福。

当然，在强调发挥优势重要性的同时，我们也不能忽视修补缺点。如果把人比作一艘船，优点是船帆，是动力，缺点则是船上的洞，可能会导致船下沉淹没。缺点分为两种：致命的和非致命的。积极心理学主张，当船上的洞所造成的后果并不严重时，我们需要更多关注船帆，即人的优点，因为一艘船无论多么天衣无缝，没有船帆依然无法航行。并且，使用优势和提升劣势的重大区别是，由于人类的天性，我们在使用优势时会越来越喜欢它，优势的增强会促使我们更愿意使用它，而提升劣势、弥补短板会挫伤我们的正面感受。

另外值得注意的是“过犹不及”，我们对于展现自己的优势不能超出限度。亚里士多德认为，美德是过多、过少两个极端之间的平均。彼得森在去世之前做的一项重要工作，是试图从自己身上找出优势过度和极端缺乏的状态。最后他得出了相似的结论：一个人身上的优势，无论是缺乏还是过度都不好。比如勇敢在缺乏时是怯懦，过度则是莽撞；坚韧在缺乏时是无助，过度就成为固执；缺乏正直和真诚的人会变得虚伪，过于正直和真诚的人却会自以为是等。中国的文化同样强调“中庸之道”，认为只有当优势保持在适度状态时，才能更好地发挥其应有的价值。

感恩

感恩是积极体验的重要元素。人们通过感知和欣赏世界、主动地回馈世界来获得感恩的体验。它是人与人之间特别重要的一种正面沟通方式。感恩是中华民族的传统美德。中国文化自古就格外看重“恩情”，施恩、报恩，是中国历来推崇的价值观。因而，像“滴水之恩当涌泉相报”“知恩图报，善莫大焉”“羊有跪乳之恩，鸦有反哺之义”“父恩比天高，母恩比海深”这样的词句才得以广为流传。

有研究表明，感恩不仅让对方感到温暖和安慰，还有很多其他益处。《华尔街日报》曾刊发过一篇文章，专门总结了有关感恩的科学研究。研究发现感恩的人更健康、幸福、乐观，朋友也更多，而且更不容易抑郁、嫉妒、贪婪或者酗酒。不仅如此，他们挣钱也会更多。感恩除了对成年人有极大的帮助之外，也会促使孩子的表现更好，会使他们的成绩变得更好，而且会更少遇到头痛、胃痛等生理问题。

加州大学戴维斯分校的埃蒙斯（Emmons）教授曾采访过多位器官移植接受者，发现那些懂得感恩的人，在做了器官移植手术之后恢复得更快（当然，相关并不等于因果，恢复得更快、更好也可能会导致感恩。该研究仅是一项相关研究）。埃蒙斯还做过另一项研究。他找来多位神经肌肉疾病患者，并把他们随机分成两组，要求实验组每天写下值得感恩的事，对照组则没有要求。过一段时间后，他对两组参与者的积极、消极情绪以及生活满意度等指标进行测量。结果发现，实验组的感恩程度更高，积极情绪更多，消极情绪更少，生活满意度更高，并且对未来的期望也更高，甚至在人际关系、睡眠等方面都优于对照组。实验结论是，即使是有意识地、刻意去感恩，也能让我们的身体和心理变得更好。

感恩的确与我们的身体反应有着密切的联系。从生理反应来看，我们的心天生就懂得感恩并且欣赏感恩。在感恩的状态下，身心会更舒适。科学家曾测量过人在不同情绪、想法下的心跳变化。结果发现，当人处于挫折、沮丧的状态下，心跳会变得没有规律；在欣赏、感恩的状态下，心跳则会变得平滑、和谐，会帮助我们稳定自己的神经系统和内分泌系统。

还有科学家对感恩进行了研究。实验人员让患者进行感恩练习，一天 10 分钟，持续一个月，最后对其身体健康指标进行测量。结果发现，参与者体内的一种免疫抗体大幅增加，良性荷尔蒙的分泌量也显著增加，并且压力荷尔蒙皮质醇显著降低。由此可见，感恩不仅是一种感受——我们因为身体健康而感恩；反之，感恩也会使身体更健康。

此外，它还能增进我们的社会关系，包括亲社会行为和合作行为等。有研究发现，餐厅的服务员在账单上写下“谢谢”一词，平均能多收到 11% 的小费；公司员工在月底收到感谢信，其生产力会提高 23% 到 43%；在公益机构中经常对志愿者表示感谢，他们在结束之后仍愿意再次服务的比例，会从 43% 提高到 80%。感恩不仅让行为发生改变，还能改变我们的自我认同、减少攀比心理、加强社会联系、激发道德感，等等。

第十八章
你体验过福流吗

凡是能无视痛苦和失败，坚持下去的人，他的人生就有可能成为一股涓涓不断的心流：一系列有焦点、全神贯注、表里一致、秩序井然的体验，从内在秩序中创造出无穷的意义与乐趣。

——契克森米哈赖

福流体验

前面提到，契克森米哈赖毕生研究成功人士的高峰体验和巅峰表现，在20世纪70年代提出了“心流”这一概念，我将其翻译为“福流”。“福流”一词无论是音形义还是信达雅，都更符合中国独有的文化。

福流是一种感觉、状态和体验。它是指人在自觉自发的前提下，对某一活动或事物表现出浓厚、强烈的兴趣，并能推动自己完全投入进去，把自己的优势发挥到极致，进入一种完全沉浸其中的状态。它包含愉快、兴趣、忘我等情绪，同时伴随着高度的兴奋感和充实感，是一种让人迷醉的体验。在这种状态下，人完全意识不到时间的流逝和周围环境的变化，充分享受过程中的每一步。我们中国人可能是最早提出福流体验的，它与我们传统文化中的道教思想密切相关。道家学派的代表人物庄子，在《南华经》中曾描述过一个普通中国人的福流体验。他的名字叫庖丁，是一个宰牛的屠夫。庖丁在从事自己特别熟悉和喜爱的工作中，达到了一种物我两忘、幸福酣畅的福流状态。

庖丁为文惠君解牛，手之所触，肩之所倚，足之所履，膝之所踦，砉然向然，奏刀騞然，莫不中音。合于《桑林》之舞，乃中《经首》之会。文惠君曰："嘻，善哉！技盖至此乎？"庖丁释刀对曰："臣之所好者道也，进乎技矣。始臣之解牛之时，所见无非牛者。三年之后，未尝见全牛也。"

大意是，庖丁为文惠君宰牛，凡是他手碰的、肩靠的、脚顶的和膝盖碰撞的地方，每一次都有声音，像音乐一样动人，每一次都有动作，像跳舞一样优美。文惠君看到后非常震撼，就问庖丁：你怎么做到如此出神入化、行云流水的？庖丁的答复是：三年前解牛，我眼中看到的只有牛；三年后解牛，我眼中已无牛。庖丁这种眼中无牛的状态就是福流，也是中国文化早就意识到的一种人类状态。

福流状态有如下几个特点：内在动机，想做；高度注意，不分心；

自我意识的暂时丧失，废寝忘食；行动与意识相融合；认为时间过得好快；对当前活动有控制感，感觉能做好；活动中一直收到反馈；挑战性与能力平衡；有明确的目标。

福流状态有五个重要的行为特征：一是全神贯注。注意力、心力高度集中，完全沉浸在自己所从事的事情中，忽视了外界的存在，排除了所有的干扰。二是知行合一。行动和意识完美统一，达到了物我两忘，忘掉了时间、空间的存在，对周遭的事物和时间的流逝毫无知觉，有一种完全自发的行云流水般的流畅感。三是驾轻就熟。对自己所做的事情完全有意识，不担心结果和评价，知道自己能够做好，而且特别喜欢自己在行动中的感受、感觉。四是体验整个过程。知道每一个回馈，以及知道需要达到何种境界。五是主动积极。有一种发自内心的快乐、幸福的体验，时间仿佛瞬间而过。

那么在生活中，我们能否找到这种福流体验？研究发现，只要在做自己喜欢的事，福流体验是经常可以找到的。比如热爱摄影的人，为了拍摄出好作品，即便跋山涉水、风餐露宿也不觉得辛苦。小孩打球到天黑，却依然兴致勃勃。看电影、听音乐，与自己的爱人一起做喜欢的事，这些都可以产生福流体验。同样，学习和工作也能让人进入福流状态，读一本喜欢的书、听一场爱听的讲座同样可以实现。正如契克森米哈赖所说，“任何人都可以在自己做的事情上达到福流状态”。

针对福流的产生，契克森米哈赖曾提出三个特别重要的条件：第一，要有目标、追求和奋斗。福流不会唾手而得，更不是别人赠予，一定是由自己追求而来。它是一种行动的结果。第二，要感受到一种回馈。丝丝入扣、点滴入心，明明白白、清清楚楚，这些感受是进入福流状态的重要条件。第三，技能和挑战的良好匹配。我们要做自己能做的事，并且将其做好。事情不能太难，难会让我们产生恐惧感、焦虑感；也不能太简单，简单会让我们产生无聊感。

另外，福流体验常常来自人与人之间的沟通。为什么有时我们和好友谈心到半夜，依然不觉得累？正是因为彼此进入福流状态。它使我们的关系更亲密。

中国人幸福的五道——五施

为了帮助人们更容易体验到福流，积极心理学提出了很多有意义的方法，我将它们总结为中国人幸福的五道，即“五施”：颜施、身施、言施、眼施和心施。

颜施是指要向人展示出有感染力的笑脸。笑是人类的天性，也是人类的第一语言。颜施就是要把人类笑的天性呈现出来，比如前面提到的提香式微笑。一定要学会颜施，学会给自己、给别人笑脸。笑是我们人的天生本领，小孩出生仅仅四个星期，会自发地露出笑脸，不需要学和模仿，不需要看别人的笑脸就会。曾经有实验表明，先天双目失明的盲童，什么笑脸都没有看过，到了四个星期大时，也会露出自发的笑脸。

身施是要行动。可以通过抚摸身体、深呼吸、闻香、专念、喊吼、写作、倾诉等行动来控制负面情绪。运动、旅游、游戏、唱歌、禅思、行善等行为，同样可以让人产生积极情绪。人是行动的生物，几千万年的进化历史选择的是行动的人还是不动的？一定是行动的。会奔跑、会跳跃，永远在动的人更容易存活下来。有一种特别重要的神经化学递质，是我们大脑分泌出来的内啡肽，它只有通过运动才能产生。内啡肽类似于吗啡，能够解除肌肉的疲劳，让我们特别开心。

言施是指要积极地沟通。人要学会积极地倾听和表达，具有同理心，不要用批评、鄙视、辩护和冷战的方式处理问题。积极的沟通包括如下几个方面：一是时间性。投入时间，并留意对方要做的事情。二是赞许性。表达敬佩、感激和感情。三是模仿性。喜对方所喜。四是相同性。拥有共同的内心生活。五是熟悉性。进行交流和自我展露。六是互利性。支持朋友，忠于友谊。

美国积极心理学家洛斯达（Losda）研究了人类各种各样的夫妻关系和工作团队，发现那些擅长使用积极沟通方式的夫妻、团队，在工作效率、忠诚度、互信度、满意度等方面都更好。同时，表达感恩也非常重要。前面提到会感恩的人身体更健康，行动更积极，工作效率更高，得病的概率更小。

眼施是指要有慧眼，用心去欣赏和发现身边美好的事物，发现生命的意义。在现代生活中，人们过于忙碌，往往会忽视生活中的真善美，容易产生淡漠和厌倦等负面情绪。我们要培养自己，在平凡的环境中找到平时看不到、想不到、没有观察到的真善美。慧眼的主要目的是克服一种心理现象——无意视盲。很多时候因为我们太忙、太着急，专注于自己的执念，反而会忽视生命中一些特别常见甚至是特别重要的事。比如在匆忙赶路的时候，我们没心思去欣赏周边景物的变化，发现不了它们的细微改变；或是由于工作太忙，忽视家人的变化，诸如他们的新衣服、关爱自己的眼神，等等。

克服无意视盲的好办法，就是学会用心去欣赏身边的事物，用心去体会它们，让自己有新的发现，这是慧眼禅心的修行。一花一世界，一树一菩提，一沙一净土，一言一心境，关键是我们得用心去看。

最后是心施。我们要学会体验自己澎湃的福流。当我们把自己与一个伟大的追求或目标连在一起,会很容易克服目前的烦恼和痛苦,达到天人合一的幸福境界。心施还可以产生于我们对良知的遵守。什么是良知？孟子在《孟子·尽心章句上》中提到，“人之所不学而能者，其良能也；所不虑而知者，其良知也”，认为良知是人与生俱来的。哲学家王阳明也曾提出，不需要思索就能够判断对错的观念，就是我们的良知。它是中国人道德行为的原动力。心理学家同样认为，人类的良知存在已久。很长时间以来，心理学普遍认为人类的道德意识是由理智的经验总结而来；而积极心理学则认为，道德意识同样是我们自发的情绪反应。

弗吉尼亚大学心理学家乔纳森·海特（Jonathan Haidt）提出，道德意识在很大程度上与我们的情感反应紧密相连。当看见一件不道德的事时，我们不一定能够找出其原则上的错误和问题，但是在直觉上会认为不对。比如有些人会恶意折磨小动物，虽然没有任何法律政策判断这个行为是不对的，但我们听到后依然很不舒服。这是一种天然的、发自内心的良知反应，是情绪对良知的巨大作用。

由于认为良知是一种情绪反应，心理学家对人类思想实验的一些难题做出了解释，比如著名的“电车难题”（Trolley Problem）思想实验。

经典实验 | 道德两难问题

假设五个无辜的人被绑在电车轨道上，一辆失控的电车朝他们驶来，片刻后就要碾压到他们。幸运的是，人们可以拉一个拉杆，让电车开到另一条轨道上。然而问题在于，在另一条轨道上也绑了一个人。考虑以上状况，我们是否应该拉拉杆？此时我们会面临一个道德两难的问题。

研究发现，很多人认为可以接受这样的道德挑战，去拉动拉杆，因为救五个人胜过救一个人。但是，如果我们把故事稍微改变一下，改为电车失控后，轨道上绑着的五个人会被撞死，并且我们没有拉杆可以拉，此时恰好有个胖人站在旁边，只要我们把他推下去，电车就会被胖人阻挡住，但是这个人一定会因此而死去。问：我们是否会杀一人而救五人？伦理学家发现，在这种情况下，多数人倾向于不杀胖人。

为什么在前面的情况下，人们会选择杀一人救五人，而在后面的情况下会拒绝杀一人救五人？哈佛大学心理学教授乔舒亚·格林（Joshua Greene）认为，在后面的情况下，我们的情感反应会更强烈一些。这也证明了人类的良知与情绪的直接反应密切相关，也就是中国人常说的良心问题。

心施，同样与善良密切相关。善良有很多竞争优势。积极心理学发现，善良的人对生活更加满意，其生活满意度要比他人高 7 倍以上。他们会更加慷慨、更愿意帮助他人，同样也更容易获得社会支持，其社会回报比自私的人更多一些。著名人文学者梁漱溟先生，曾在著作《朝话》中总结出人类善良的一种心理反应："仿佛自己越是在给别人有所牺牲的时候，心里特别觉得痛快、酣畅、开展。反过来，自己力气不为人家用，似乎应该舒服，其实并不如此，反是心里感觉特别紧缩、闷苦。所以为社会牺牲，是合乎人类生命的自然要求。"

同样，拥有这种美好的心理体验是"最美奋斗者"雷锋一生坚持做好人好事的原因。雷锋作为一名普通的解放军战士，一位来自湖南农村的孤儿，是通过为人民服务、做好事并记在日记本上这种方式，来发现生活的幸福和意义。当他心烦意乱的时候，看一看自己的日记本，心态会更加积极，生活的意义也会更加明确。雷锋不仅是做好事的榜样，更是积极心态的榜样。乐于助人的人一定会在助人之中得到极大的快乐。

福流力

处在福流之中让人身心舒畅，而获取福流的能力被称为"福流力”。前面提到，福流的产生需要三个条件，其中较难实现的是技能与挑战的良好匹配。对我们来说，如果完成一件事的目标难度太大，自身的技能又比较低的话，会产生焦虑；同样，如果目标的难度较低，而我们的技能很高的话，又会感到无聊。只有在二者匹配的情况下，才能达到福流状态。

研究表明，起初在技能与挑战相匹配的情况下，人是有福流体验的。但是随着技能的提升，这种匹配的状态会很快失去平衡，随之而来的是枯燥感。此时，我们需要加大挑战的难度，重新回到匹配状态。商业化的电子游戏正是利用了这一特点，将游戏的难度和玩家的技能不断进行匹配，使之始终保持均衡。它符合福流所需要的三个特点：（1）目标明确。进入游戏后，要达成怎样的目标，过什么关卡，都很清楚、明了。（2）反馈及时。游戏完成得如何，一目了然，整个过程反馈很快。（3）挑战和技能匹配。游戏刚开始时，任务简单、轻松通关。随着熟练程度的提升，游戏难度也在提升，不断地激发游戏者的兴趣。

正是因为电子游戏符合福流体验的条件，才会让很多人上瘾。然而，年轻人的电子游戏成瘾并非好事。当他们沉溺于游戏，不愿意回到现实时，并不说明他们体验到了福流状态，恰恰是因为他们的福流力太低，缺乏从真实生活中获取高级福流的能力，才会轻易地被游戏所带来的低级福流所俘虏。当我们培养年轻人学会在现实生活中获得高质量福流后，游戏成瘾的行为会随之减弱。比如我们可以帮他们发展自己的爱好，经常做一些创造性工作或体育运动。更好的举措是，鼓励他们进一步探索自己的高级福流，培养一种真正有深度、有价值的爱好。

契克森米哈赖本人也不认为所有的福流都是好的。他提出一个概念叫“垃圾福流”，是指人们沉迷于福流刚开始时所带来的表面好处，却没有从中获得成长。他认为，好的、真正的福流有如下几个特征：能够持续提升人们的能力；让人们愿意持续提升能力；有助于人们实现人生目标和提升价值。

第十九章
怎样能变得更积极

期待着明天而不为明天是否到来发愁的人，才了解从容超脱的价值，因而也比别人更加懂得幸福。

——塞涅卡

积极情绪

很多人误认为积极心态仅是指愉快的心情，但其实好心情只是积极心态的一部分。研究发现，积极的心态是一种生活体验、情绪和态度，也是身体产生的反应。要让我们的身体产生积极情绪，至少需要三种物质基础：

第一种物质基础是杏仁核（amygdala）。大脑产生消极情绪的中心主要在杏仁核，靠近鼻子的区域。研究表明，焦虑、抑郁的人，杏仁核长期活跃。看到生气、恐惧或哀伤的脸，闻到难闻的气味，杏仁核也会活跃。在人类进化中，人更容易产生消极反应，只有产生积极情绪，才能让消极情绪消失。也就是说，当杏仁核受抑制时，人就会变得开心。而抑制杏仁核的最快速方法就是闻香——当闻到美好的味道时，会降低不愉快的感受。

第二种物质基础是大脑产生的多巴胺、催产素等神经递质，它们能够使人们感到快乐。前面提到，多巴胺是激发人类欲望的神经递质，当有特别强烈的欲望时，大脑会活跃地分泌大量多巴胺。闻香、音乐、运动、游戏、禅思等均可激发多巴胺的分泌。催产素（oxytocin），又称爱的激素，能降低个体的防卫心理和恐惧感受，提高对他人的信任，促进社交关系的发展。温暖的拥抱，富有同理心的对话，常与支持自己的家人或朋友们在一起，这些行为都会增加催产素的分泌。

第三种物质基础是积极的意义感。有些人误认为意义感是虚无缥缈的，但其实它是大脑前额叶产生的灵性、德性和感性。比如两个人都站在水边，一个人想到"行到水穷处，坐看云起时"，另一个人只是发呆，两个人体会到的意义感是不同的。

积极动机

美国学者西蒙·斯涅克（Simon Sinek）提出"黄金三圈"（Why-How-What）的概念，即我们做任何事情都有三个层面：为什么做、怎样做及做什么。而为什么做，与我们的动机有着密切的联系，也是人类做事的核心问题。

与为什么做密切相关的是“自我决定理论”（self-determination theory）。该理论把人类的动机分为三种，第一种是缺乏动机，即我们不知道做某件事的动机是什么；第二种是外在动机，做这件事的原因源自它带给我们的好处；第三种是内在动机，是指做某件事的原因，来自过程本身所体现的自我价值。比如我们去参加某项感兴趣的运动，从中享受快乐。

孔子讲“知之者不如好之者，好之者不如乐之者”。我们可以把这句话理解为，做任何事不能仅仅是了解和喜爱，还应该去享受它。据说孔子在读一本书时，曾经将其翻烂三次，我们可以推测他从中获得了巨大的享受和满足。当一个人不需要外因来驱使自己，而是自发自愿地做一件事，这就是内在动机最好的体现。

内在动机的核心价值是，让我们更看重过程本身，也让我们收获更多的满足。在新时代背景下，创业成为一种风潮，但并不是所有创业者都会因成功而喜悦，因失败而沮丧，这取决于他们的内在动机。如果一个人创业是为了挣大钱或想获得他人的羡慕，就会把成功与否看得很重，常常忧虑、不开心；如果是为了寻求人生价值、意义或享受创业的过程，成败与否就不会那么重要。也就是说，当我们以“乐之者”的状态去行使权利和做某件事时，才会感受到更多的开心和幸福。

那么不同的动机会有怎样的影响呢？研究发现，内在动机和正面情绪相关，而外在动机和负面情绪相关。也就是说，当我们出于内在动机去做事时，这个过程本身就会让我们感觉良好；而出于外在动机做事时，我们可能会担心如果不做或做不好，会遭到惩罚或让自己内疚，由此会产生负面情绪。内在动机是我们自愿自主地追求美好，外在动机则更多地是为了从负面情绪中解脱出来。所以内在动机也被人称为“自主动机”，外在动机被称为“受控动机”。

众多研究表明，内在动机更有利于一个人的发展。那么，我们怎样才能拥有内在动机呢？有个经典的故事是这么说的：安静的街区住着一个退休老人，很享受自己宁静的生活，但是这样的日子突然被一群小孩打破，他们每天都在老人房子附近踢球，让老人难以忍受。老人想了一个主意，他给每个孩子 25 美分，对他们说：“你们让这儿变得很热闹，我觉得自己年轻了不少，这点钱表示谢意。”孩子们很高兴，第二天仍然来了，一如既往地嬉闹。老人再次给了每个孩子 15 美分。他解释说，自己没有收入，只能少给一些。15 美分也还可以吧，孩子们仍然兴高采烈地走了。第三天，老人仅给每个孩子 5 美分。孩子们勃然大怒：“一天才 5 美分，知不知道我们多辛苦！”他们向老人发誓，再也不会为他踢球！于是这个街区又恢复了宁静。

老人巧妙地将孩子的内在动机（为自己踢球）转化为外在动机（为得到钱而玩），让我们知道人的动机是可以改变的。内在动机可以转化为外在动机，同样，外在动机也可以转化为内在动机，让我们变得更加自主。

如何更好地获得内在动机？通过如下三个方面可以实现：首先，我们要关注事情本身的价值，而不仅仅是外部的回报。当面对一项任务时，我们应该发自内心地看到它的价值以及自己做这件事的意义。

其次，我们要先满足自己基本的心理需求，在此基础上做事，才会拥有更强的内在动机。“自我决定理论”认为，人类有三种基本心理需求，即自主、胜任和关系。自主是指拥有选择的权利，而不是被迫服从；胜任是指完成一项任务的掌控感；关系，则是指在完成任务的过程中得到他人的支持。这三种基本的心理需求越得到满足，我们越容易发展出内在动机。最后，我们对自己要诚实。学会倾听自己内心真实的声音，接受自己真实的需求。

有这样一个故事：有个樵夫每天拿着自己的铁斧头上山砍柴，养家糊口。有一天，他不小心把斧头掉到河里，很伤心地哭了起来。哭声感动了河神。在了解到他是因为丢失斧头而难过后，河神先后从河中拿出金斧头、银斧头，问樵夫是否是他的。樵夫虽然很喜欢这两把斧头，但他心里有个声音说“它们并不属于我”，于是说不是。最后河神拿出了铁斧头，他才点头称是。河神非常赞赏他的诚实，把金斧头、银斧头和铁斧头一并给了他。

积极自我

积极自我的构成有自尊、自信和自我实现等。自尊是其核心部分。自尊的学术概念是指一个人对自己的尊重，以及对自己价值的认识。但是在现实生活中，自尊还有其他的含义。比如我们说某人的自尊心很强，多是指对方比较敏感、细腻，我们在和他打交道时，要更加谨慎一些。此时的自尊已经不是对自己的尊重，而是一种由他人对自己的态度引发的感受。

自尊存在着一定的文化差异。基于中国文化的自尊与外界的联系较密切，而西方文化下的自尊则更多是依赖个人的价值判断。法国心理学家克里斯托弗·安德烈（Christophe André）和弗朗索瓦·勒洛尔（François Lelord）在他们的《恰如其分的自尊》一书中，把自尊分为三个维度：（1）自我观。这是一个理性观念，即我是谁，我的价值是什么，我是否在按照自己的意愿生活。（2）自爱。这是一个情绪维度，即我爱不爱自己，我值不值得被爱，我能否接受自己。（3）自信。即我看到自己有哪些优点和缺点，我对成功或失败的感知是什么。他们认为自尊是如上三个维度的结合，并且相互支持，当其中一个维度比较强时，会带动其他两个维度同样很强。

佐治亚大学心理学家格林沃尔德和巴纳吉认为自尊分为两种，一种是外显自尊，是在意识中能够感觉到的自我价值感；另一种是内隐自尊，是在潜意识中自动化的自我认知。泰勒·本－沙哈尔则认为人的自尊发展大致可分为三个阶段：第一是依赖型自尊。表现为个人的自尊和价值，依赖于他人对自己的评价和反映，这种现象一般出现在儿童、青少年时期。第二是独立型自尊。表现为自己做决定，不在意他人的看法。第三是无条件自尊。表现为对自己的看法和评价不再依赖外在，而是全面接纳自己，与他人是互相依存又互相独立的。

另外，自尊也会因个人所处的情境、场景不同而呈现出不同状态。比如在工作中，某人的业绩突出，会认为自己很有价值，值得他人尊重和喜欢，但是在恋爱受挫后，又会觉得自己毫无价值，不被他人喜欢。这就是在不同情境下我们产生的不同自尊体验。

研究表明，高水平自尊会带来自信、自爱。但是拥有高自尊就一定是好事吗？并非如此。近些年的研究发现，高自尊也有一些缺点，比如会导致贬低别人的倾向，容易和别人发生冲突；容易使人骄傲自大，觉得自己非常了不起等。社会心理学家鲍迈斯特发现，高自尊与暴力行为高度相关。攻击者尤其是暴力攻击者更加相信自己是优越的。比如校园霸凌者会认为他人不如自己，可以任由自己欺侮。尤其当他们认为自我价值受到威胁、贬低和挑战时，暴力行为会随之发生。

高自尊有时也是导致过度自信的原因之一。曾经有段时间，很多文化心理学家包括我自己都认为，虽然一些中国人在知识问题、信息判断和趋势预测等方面表现出较多的过度自信，但在对自己的判断上，比如自尊方面，不会出现过度自信的偏差。可是越来越多的新研究发现，在与自我有关的问题上，一些人也表现出自信偏差。针对中国人是否自信的问题，心理学家已经做过很多研究。1984 年，当我还在北京大学心理学系任教的时候，美国密歇根大学心理学系教授弗兰克·耶茨（Frank Yates）应邀来北大访问，讲授人类的决策心理。他让一些学生参加了自信心理的客观测试，通过询问学生对一些客观问题的回答，来间接推测其自信水平。

几年之后，弗兰克·耶茨报告了他在北京大学心理学系及其他院校所做的此类调查的结果。意外地发现，中国学生在回答这些问题时，表现出比美国大学生更加强烈的过度自信倾向。也就是说，对于这些问题的回答，中国大学生反而特别自信，远远超过美国大学生对自己回答的自信水准。心理学研究发现，过度的自恋、自大、自信，往往是自卑的外在反应。真正的自信不是虚幻的口号，而是反映在心态的变化、调整上，具有高稳定性和可塑性。

运动与冥想

运动是一种积极主动的行为方式，对我们的身心有众多好处。研究表明，每天运动15~30分钟，大脑分泌出多巴胺、催产素、内啡肽、血清素等，会让我们觉得心情振奋，其效果与抗抑郁药和抗焦虑药的药效基本是一样的。曾经有一件事让我印象深刻。那时我在美国读积极心理学研究生，我的一门课的老师福勒（Ray Fowler），要求学生们在上他的课时带上跑鞋、运动服。每次上课到一半时，他会停下来带我们一起出去跑步。后来，福勒教授在课上解释说，锻炼对我们的学习有促进作用，并不是在浪费时间。

无独有偶，在伊利诺伊州一所名为纳帕维尔（Naperville）的学校，对待学习不好的学生，老师不是让他们去补课，而是要求他们去运动。这种做法的依据是，该校针对运动和认知能力做过一项调查，结果发现，上完体育课再去考试的人，其成绩往往比他人好。

运动还能锻炼我们的专注力。美国电视台曾经为纳帕维尔学校拍了一部纪录片，其中提到运动不仅让学生更健康，还能提高专注力。

研究人员让高中一年级、二年级的部分学生，在一天课程开始前先运动 20 分钟，保证心率稳定在每分钟 145 到 185 次这个区间，到达目标之后再回教室上课。结果表明，这些学生上课时更能集中注意力，精神更加饱满。并且，在阅读理解课前报名参加运动的学生的阅读进度，比起不参加锻炼的学生提前了整整半年；在数学方面，学生的进步更引人注目，代数课前的运动对学生成绩的提高非常稳定，在标准化测试中他们的成绩是同龄人的 2 至 4 倍。

精神医学专家约翰·瑞迪（John Ratey）多年研究运动与学习能力之间的联系，最终得出的结论是，运动能像增强肌肉一样增强大脑的功能，促进新的脑细胞生长。他把运动称为“大脑生长的奇迹”，提到运动中释放的“脑源性神经营养因子”（BDNF），会触发海马区新脑细胞的生长，从而增强大脑的活力。运动还能改变大脑的血管网络。当人体处在运动状态时，身体血流量会增多，脑的血流量也会相应增多。而运动在提高我们的恢复能力上同样作用非凡。经常运动的人会因为坚持而提升自我掌控感，增强自我认同。在遇到挫败或是巨大的挑战时，能够有更多的信心去战而胜之，或者在失败之后能够更快更好地恢复。

在日常生活中，我们该如何爱上运动？首先，可以先从小的、简单的、简短的运动开始，让自己慢慢地爱上它；其次，可以和别人一起运动。前面提到过“社会促进效应”，与他人一起运动时会激发我们更多的动力。

除了运动以外，冥想也是我们积极探索自己的好方式。冥想发源于佛教，大体可分为两类：第一类是止禅。即停止我们脑中纷扰的念头，静止头脑中瀑布一般的念头，把它们收起来、停下来，专注于眼前的某一事物。另一类是观禅。它和止禅相反，并不把注意力停止或者集中在某一事物上，而是对周围世界保持一种兴趣盎然的注意力。

冥想的积极影响非常多，能降低心血管疾病的发生率，减轻更年期的症状，减轻成瘾者的物质滥用状况，改善记忆，缓解慢性疾病的严重程度，等等。并且有研究表明，它能够改变我们的大脑。神经科学家戴维森（Davidson）曾邀请 12 个经常冥想并且平均练习 19 000 个小时以上的专业人士，与 12 个与他们年龄相仿但刚刚开始冥想的普通人进行比较。结果发现，冥想专业人士在冥想时的脑区激活强度非常大，觉察力和专注力更好。进一步的研究发现，经常冥想的大脑其结构也已发生了实质性的改变。

值得一提的是，埃伦·兰格曾做过很多关于冥想的研究。她在自己的《专念》（*Mindfulness*）一书中，对“专念”一词的解释是，人们有意识地对外界的信息进行接收和处理。并且提出另一个概念“潜念”（mindlessness），即个体无意识地对外界做出反应，处于心不在焉的状态。兰格认为专念与潜念的最大不同是：专念能够让人更有创造力，更具发散性；专念较强的人，不会拒绝与自己想法不同的信息，不会固守于自己的想法；专念较强的人更注重过程而不是结果。他们在做事时不会考虑结果，而是在过程中吸取外界的信息，与外界积极互动。

第二十章
心理韧性——成功者的共性

你想成为幸福的人吗？但愿你首先学会吃得起苦。

——屠格涅夫

心理韧性

积极状态是每个人所期待的，但是仍有一些事情无法让我们体验到美好，此时，心理韧性就显得格外重要。比如突如其来的新冠病毒疫情，给人类的生命安全带来严重威胁，由此不仅是对公共卫生事业的挑战，更是对人们心理的挑战。如何提高个人的心理韧性已成为当前重要的问题。

南非前总统曼德拉（Nelson Mandela）认为，“生命最大的荣耀不是从来没有失败，而是每次失败后的不断奋起”。达尔文在进化论中指出：“一个物种之所以能够生存下来，不一定是最强大的，也不是最聪明的，而是最能够适应环境变化的。”这两位先哲提到的共同概念就是“心理韧性”（psychological resilience），是从逆境、矛盾、失败甚至是积极事件中恢复常态的能力。它包括三层含义：

第一，复原力（resilience）。它是指在痛苦、挫折、磨难、打击、失败、压力的挑战之下，能够迅速恢复到正常的状态，也有学者将其称为反弹力（bounce-back）。人在很多时候都有压力反应，比如，当我们听到一声枪响，心跳一定加快，血压一定上升。复原力强的人，能够很快地恢复正常，复原力弱的人，会始终处于亢奋状态，久而久之，会产生各种各样的不良身心反应。复原力是心理韧性一个特别重要的组成部分。

第二，坚毅力（grit）。它是指面对长远目标时体现出的努力和耐力。有些人为了保持身材会坚持锻炼，轻易不放弃，这就是坚毅力在发挥作用。心理学家安杰拉·达克沃思（Angela Duckworth）把这种能力叫作“grit”，大意是指它像小沙粒一样，无论外力如何碾压都不会变形。我习惯把它翻译为耐磨力。耐磨力正是我们中国人特别提倡的一种精神。所谓“君子自强不息”，是指天地永远在运转，人要始终进取不懈。后面我会详细讲解。

第三，创伤后成长（post-traumatic growth）。这个观点最早是由德国哲学家尼采提出的。尼采说过“那些杀不死我们的，会让我们更强大”，大意是指人在经历创伤后会出现积极的改变。心理学家特德斯奇（Tedeschi）将其称为创伤后成长，我则将这个过程称为“创伤后成长与发展”（post-traumatic growth and development，PTGD），因为它不仅包括恢复正常，还包括将逆境作为通向成长和获益的途径。

心理韧性是现代人所需要的重要心理品质，更是成功者的共性。达克沃思曾在美国西点军校的研究中发现，坚毅可以预测一个学员未来的学业成就和毕业概率。南宋大儒朱熹在《朱子语类》中也曾提到“立志不定，终不济事”，认为生活为每个人准备了无数挑战，如果我们不想就此世故、平庸甚至沉沦，就需要锻炼心理韧性。这种发自内心的力量可以帮助我们抵抗自己所遭逢的厄运，最终获得比以前更好的人生结果。

高心理韧性与低心理韧性

高心理韧性的人具备哪些特点？意大利心理学家齐卡提曾提出一个模型，可以简化为六种能力：

（1）适应力，是指有韧性的人就像水一样，可以适应各种环境。（2）成长力，是指不断向上发展、不断追求进步的能力。（3）抗挫力，是指在打击面前不失控、不失常，能够坚持下去的能力。（4）积极力，是指调节情绪的能力，当我们遇到消极情绪的时候，能够很快地复原。（5）关系力，是指有良好的人际关系，有一定的社会支持，有来自他人的帮助和同伴的激励。（6）控制力，是指淡定、从容地面对压力，有极强的自控力，让自己不懈怠、不放松。

另外，我们还发现有六种重要的特质，能够反映出一个人心理韧性的高水平状态：

（1）积极的认知风格。《积极思维的力量》（*The Power of Positive Thinking*）一书中指出，决定一个人生活幸福的要素，往往不是事情本身，而是我们如何看待它。比如当遇到压力时，我们把它想象成前进的动力，这样就不会那么焦虑。（2）乐观的情绪调节。情绪的起伏波动很正常，当遇到消极情绪时，我们可以积极地调节消极情绪，让自己快速复原。（3）健康的身心状态。研究表明，那些外表看起来朝气蓬勃、走路虎虎生风或是打扮得很精致的人，往往具有高心理韧性。（4）自我效能感。自我效能感强的人往往会认为自己有能力做成一些事情，会取得成功。一项有趣的心理学研究发现，结了婚的男人比不结婚的男人平均多活7年，其原因是结婚后，男人的自我效能感会增强。（5）解决问题的行动精神，是指人的执行力比较强。高心理韧性的人有了想法之后会马上付诸行动，去解决问题，而不是空想。（6）良好的人际关系。高心理韧性者的容忍度通常较高，遇到挫折和打击时，不会迁怒于他人，所以更容易讨人喜欢，得到别人的支持、理解和欣赏。

与之相对应的是低心理韧性的人，他们有什么特点呢？

（1）负面思维特别强烈。非常喜欢从坏的角度去思考问题，而且常常走极端。比如某个学生的学习不好，会埋怨老师，认为挫折磨难都是他人造成的。（2）消极懒惰。喜欢躺平，什么都不想做。不行动、无所事事。（3）成瘾习惯。喜好喝酒、赌博、干坏事等。（4）对他人的伤害。把所有不满、怨恨都发泄在别人身上，给他人造成伤害。

（5）对自己的伤害。不对别人发泄负面情绪，转而伤害自己。

提升心理韧性

那么我们又该如何提升自己的心理韧性呢？下面介绍三种主要方法：

第一，提升自我效能感（self-efficacy）。前面提到高心理韧性的人六个重要特质之一是自我效能感，这一概念是由班杜拉提出的。

第二，建立成长型思维（growth mindset）。它是由斯坦福大学著名心理学家卡罗尔·德韦克（Carol S. Dweck）提出的。德韦克教授发现人的思维方式有两种，一种是成长型思维。拥有这种思维方式的人，更相信天赋只是起点，才华、智慧都可以通过后天的不断训练加以提升，关键是个人的努力。他们往往更愿意接受挑战，并且在困境中体现出坚韧不拔的品质，表现出更高的心理韧性。另一种则是固定型思维。拥有这种思维方式的人害怕失败、不喜欢冒险，也不喜欢努力。他们认为一切事情都是先天决定的，再怎样努力也没有意义，是一种自暴自弃的心理状态。

第三，提高自我调控能力（self-control），这是一个人对自身心理与行为的主动掌握，是人所特有的一种心理活动。研究表明，它与一个人未来的成就密切相关，前面提到的“延迟满足实验”就是例证。

坚毅力

前面提到，坚毅是我们中国人重要的品格和美德。正是因为勇毅力行的传统美德，我们才能在各种险恶的环境中化险为夷、不断前进。也正是因为自强不息、不屈不挠的民族精神，国家才能日益强大兴旺。“咬定青山不放松，立根原在破岩中。千磨万击还坚劲，任尔东西南北风。”古诗词中对坚毅品格的描述，让我们看到在恶劣的客观环境中，中国人敢于面对磨炼与考验、不轻易屈服的可贵精神。

关于坚毅力的研究，达克沃思做出了卓越贡献。她曾写了一本书叫《坚毅》（*Grit*），书的副标题是“释放激情与坚持的力量”（*The Power of Passion and Perseverance*），认为坚毅力不仅体现在坚持上，同时还有激情。

她在书中提出两个公式：一是“成就＝技能 × 努力”，也就是说人的技能越高，成就越高。如果人在技能一定的情况下更加努力，成就会更高。关键在于技能，并且它会随着我们努力的程度而提高。二是“技能＝天赋 × 努力^2”，是指即使我们的天赋很高，如果不够努力，仍然不如天赋一般但非常努力的人。

这两个公式加在一起，说明天赋是我们天生拥有的，技能则是在不断努力中发展而来的，只有持续努力才会获得成功。达克沃思曾调查宾夕法尼亚大学本科生的坚毅程度及他们的成绩。结果发现，坚毅和成绩具有中等程度的相关。

那么如何才能坚毅呢？达克沃思认为需要注意四个方面：第一，

找到兴趣点（interest）。激情源于充分享受自己所做之事，只有在自己感兴趣的事情上才不会觉得枯燥，才有继续下去的支撑。第二，不断练习(practice)。通过刻意练习，让自己今天比昨天做得更好。第三，有目的（purpose）。只有明确的目的，才会有方向，才能确信自己的工作很重要。第四，希望（hope）。无论何时，要相信自己，并对结果充满信心，对未来充满信心。

我们又该如何培养和提升自己的坚毅力呢？有一个概念叫“刻意练习”(deliberate practice)，与坚毅力密切相关。心理学家安德斯·埃里克森（Anders Ericsson）告诉我们，很多人认为只要自己坚持做一件事就一定能取得成功，但事实并非如此，关键在于是否做到刻意练习。刻意练习并不是为了练习而练习，而是有着明确的特定小目标，通过“积小胜为大胜”“积跬步以至千里”，最终实现长期目标。

应对压力的方法

压力，从古至今就存在于我们的生活中。人类一直在各种压力下度过了整个进化历程。这个历程使我们产生一种特别重要的自然保护机制，叫应激反应。什么是应激反应？是指当我们遇到一些麻烦、挑战、挫折或打击时，身心状态会发生变化。

我们的身体有三个特别重要的区域与压力有关，分别是下丘脑、脑下垂体和肾上腺。下丘脑是人类最早的脑区，也有人将其称为爬行脑。它和人类的欲望、呼吸、生殖、运动有很大的关系。近期研究发现，它与人类最直接的情感反应也有关系。另外一个脑区叫脑下垂体，释放的激素又会刺激我们的肾上腺。

当遇到压力时，这三个器官会释放压力激素，让我们处于一种应激状态。这种状态的特点是什么？使我们心跳加快，皮肤温度升高，手心出汗，瞳孔放大，肌肉力量和骨骼力量变强，感觉变敏锐等。应激状态会使我们处于警觉中。当看到危险时，我们通常会做两件事，一是打，二是逃。打得赢就打，打不赢就逃，英文叫“Fight or Flight”。当把这两种反应做完后，压力激素会化解，身体重新回到平稳的状态，等待下一个压力事件的出现，这就是压力反应自然循环机制。

不过，当我们面对这些压力的时候，往往会采取一些错误的应对方式。这些方式是怎样的呢？第一个错误的方式是“只想不做”，是指人们仅仅在想怎么办，而不付出任何实际行动去缓解压力。其实当出现压力时，一个特别简单的方法就是为自己找事做。当觉得不舒服、不开心时，最好的方法就是转移注意力。第二个错误的应对方式是借助各种化学药品，包括酒精（特别是烈度酒）、毒品等。有些人会习惯性地将负面情绪压抑在心里，不说、不讲，靠酗酒、吸毒来解除自己的问题，但其实是解决不了的。

研究表明，当我们遇到压力时，如果采用这些错误的应对方式，压力不但不会减少，反而会增加，进而造成身体免疫功能下降、消化系统紊乱、睡眠障碍等问题。那么如何正确地应对压力呢？其中一种方式是抑制杏仁核的活动。有如下几个简单的方法：

方法一是吸凉气。密歇根大学心理学教授肯特·贝里奇（Kent Berridge）发现，杏仁核的特点是当人们情绪不好又遇到各种压力时，它会充血致使温度升高。贝里奇认为，吸凉气可以让杏仁核温度降低，让我们的心情没那么糟糕。所以当心情不好时，我们不妨多吸几口凉气。这就是很多人在清晨打开窗户后，呼吸清新的空气，一天的心情都会变好的原因。

方法二是闻香。香气会让人产生愉悦的感觉。当心情不好的时候，我们可以闻闻香、喷香水或是洗澡后换身干净的衣服，当闻到衣服上的清香味道时，心情会变好。

方法三是拍胸。当心情不好的时候，我们的胸口会堵得慌，此时拍拍自己的胸部，给自己一个安慰，就会感觉舒畅很多。

方法四是写日记。当心情不好的时候，用写日记的方式来宣泄情绪是比较有效的。

著名作家歌德曾经向自己的好朋友的未婚妻求爱，没想到心目中的这位爱人并不喜欢他，甚至骂他无耻。这件事让歌德受到严重打击。他少年得志，得到大多数女性的青睐，却被自己喜欢的人嫌弃。他怎么都想不开，要自杀。由于自己是个文人，歌德想在自杀前为自己留下一纸遗书，所以把枪放在桌上并开始写。写着写着，他发现心情好了很多，就不想写了，也没那么想死了。第二天，他又把枪放在桌上，把纸摆好开始写。到了第三天，他把一本日记写完，自杀的念头也随之消失。这本日记后来变成一本书，书的名字叫《少年维特的烦恼》。这本书解放了歌德，帮助他从负面情绪中走了出来。

应对压力的另一个好方法是激活我们的大脑，释放出各种积极的神经化学递质。当积极的神经化学递质被释放时，容易促使激发各种积极情绪的神经网络的形成。这些神经递质都有哪些呢？

第一种神经递质是多巴胺。很多人喜欢打高尔夫球。打高尔夫球最快乐的瞬间是什么时候？是我们把球打出去,看着它向远方飞去，此时正是我们的多巴胺在分泌的时刻。当我们感觉快乐时，一定要让这种快乐延续一段时间。研究表明，当延续 4 分钟后，大脑就会对这种快乐体验形成一个美好的记忆，建立一个快乐的神经网络。从此以后，即使我们不打球，当看到别人打球时，也会激发我们快乐神经网络的兴奋，产生同样的快感。

第二种神经递质是血清素。它是一种振奋心情的激素。当我们心情不好的时候，如果能够想方设法地激活血清素的分泌，让我们产生兴奋感，就会提升积极情绪。做自己擅长的事、体验自我价值、晒太阳等都会促进血清素的分泌。在我年轻时，曾经有段时间很想放弃做科学研究。这是因为作为一个中国人，我那时在美国讲不好英语，发表不了科研文章，压力很大。我一度想去学习计算机，做金融，认为它会比学心理学容易。但是当我第一篇英文科研文章发表之后，我特别兴奋，因为我做的研究是其他人从没有做过的，这让我信心大增，知道自己其实也能做得很好，自此我下定决心，专注地从事科学研究。

第三种神经递质是内啡肽。前面提过内啡肽在我们感到身心痛苦的时候才会释放，所以它又叫作减痛的激素。有规律的运动可以产生内啡肽。当我们跑步的时候，有一段时间会跑不动，呼吸困难，眼前发黑，特别想放弃。但是如果我们再坚持一下，大脑就会分泌出内啡肽，解除肌肉疲劳，此时我们会觉得特别酸爽，又痛苦又快乐。这就是内啡肽的作用。

第四种神经递质是催产素。催产素能够让我们心情愉悦、温暖、幸福。当我们遇到各种压力的时候，催产素是一个特别好的天然解药。当看到人的笑脸、获得一个温暖的拥抱、被人夸奖和与家人朋友进行一场富有同理心的对话时都会产生催产素。心理学教授约翰·古特曼和珍妮·古特曼发现，夫妻关系最大的杀手不是生活压力大，也不是出轨，而是沟通不当，尤其是缺乏说话技巧。他们还发现有些夫妻长期不说话，这也很危险。为此他们提出夫妻一定要说话，每周至少要有 5 个小时的对话，多聊一些在生活中没有标准答案的话题，例如什么是幸福，什么是快乐，什么是积极心理学，等等。

第二十一章

创新从何而来

创造的神秘，有如夜间的黑暗，是伟大的。

——泰戈尔

创造力是人类参与世界的核心能力与基础能力。我们在获得生存基础之后，势必开始建立对世界的好奇，想要获得参与感与完成学习目标，此时必须运用一种特殊的工具——创造力。一个缺乏创造力的人是无法很好地参与世界的。

前面说过，我国著名科学家钱学森先生曾经提出一个问题：为什么我们的教育难以培养出世界级的科学大师？为此，2009 年 9 月，清华大学特意成立了一个特殊的班级——“清华学堂人才培养计划钱学森力学班”（简称“钱班”），尝试回应钱老的这份殷切期许。该班学生都是被寄希望成为中国乃至世界科技创新的领军人物。经过十多年的探索，这个班硕果盈枝，交出了令人欣慰的答卷。

我所带领的清华大学心理学系跟踪了“钱班”十余年，我们的研究工作也取得了很多有价值的成果。其中非常有意义的一项是，我们发现那些在未来有更大成就的学生与精英，很大程度上都不只是通过超常的智力手段获得成功的。超常智力只占十分之一，还有很多其他能力是必备的，包括开放性、善意、意义感、勇气、毅力、感恩之心、好奇心、包容等，其中非常重要的一项能力就是创造力。

与“钱班”的研究结论相吻合，许多教育家也一致认为，我们的教育方式更多培养的是学生们给出正确答案的能力，而缺乏对他们探寻答案的丰富过程的启蒙，甚至包括对错误答案的探索能力，也就是关于创造力的培养。

心理学家发现，这种“只寻找正确答案”的教育方式很容易对年轻人的心理和认知造成局限与负面影响，其中最典型的就是考试焦虑和创造能力的下降。不擅长考试的学生很容易怀疑自己的能力，对应试之外的优点丧失自信。这样一来，一些原本具有创造潜能的学生就难以被发现，甚至还有可能被贴上“问题学生”的标签。最终，由于一而再、再而三地遭受打击，他们真的变成了问题学生。

生活中的创造力

在前文中，我曾提到有关创造性思维的“大C”及“小c”两个概念。“大C”是指那些影响人类社会发展的伟大创新，比如达·芬奇、爱因斯坦等人做出的贡献。而“小C”则是指日常生活中的小创造，人人都可以做到，只需要我们充分发挥自己的创造力。

我和学生提出的“二维度理论”认为，创造力的新意性和适宜性缺一不可。新意性指的是从统计的角度看很少见，与其他人想到或完成的作品很不同，具有原创性及不可预知性，能够带给人惊喜。适宜性则是指具备一定的功能，即它必须有用，能解决生活中的问题，最大限度地满足用户的需求。

创造力正是人的思维的新意性与适宜性的最大化，也称联想网络密度（association network density）。联想网络密度是可以通过大数据的方式来研究的，比如每个人都会留下各种各样的作品，如图书、演讲、微博、发言、表态等。通过这些方式的表达，我们可以探索一个人的表达方式和表达内容是否具有创新特征。

根据联想网络密度，我们发现很多具有创造力的人其表达用词往往比较广泛，不会总用一些常规的习惯性说法，并且其表达的内容逻辑清晰、联系紧密。研究表明，很多科学家的联想网络密度是非常紧密的，而有些人，甚至是某些公众名人，在表达时往往显得词汇贫乏、内容分散和无逻辑性。这其实是缺乏创造力的表现。

那么，我们在日常生活中，如何才能更好地将新意性和适宜性结合起来,让自己更好地拥有创造力呢？我建议从以下五个方面入手:

第一，提升自己的敏感力。前面提过，敏感力指的是一个人对事物细致入微的洞察力。敏感力强的人在遇到问题时能够马上抓住重点，发现缺漏，从而找到解决问题的着力点。想要训练自己的敏感力，首先要有意识地打破常规，养成关注新鲜事物的习惯。其次，要学会深入地观察周围的事物，不要仅看表面，而是让自己去观察别人没注意到的细节，进行深入探究。另外，我们还要养成主动学习新知识的习惯。好奇心是人类的积极天性，我们要让自己对学习新知识和探索新领域始终充满热情。

第二，提升自己的流畅力。流畅力是指在短时间内提出大量想法的能力。具有创造力的人，心智活动的特点是停滞少、流畅多，可以在较短的时间内表达出较多的观点，也就是我们常说的思维敏捷、点子多。通常来讲，流畅力的训练可以分为三个方面，其中观念流畅力是指针对某个主题和观念想出不同事物的能力。例如让自己迅速地写出属于某种特殊类别的事物。联想流畅力是指能迅速地找出某个观念或与特定信息相关的想法。比如列举某个词的近义词，如“喜欢”，答案可能包括喜爱、好感等。表达流畅力是指运用不同的表达方式来组织自己的想法或观点的能力。例如让自己针对某个名词列举出其代表或象征的所有可能的工作，如“笔”，答案可能有教师、编辑、画家等。

第三，提升自己的变通力。变通力是指能打破常规，变更自己的思维观念和做事模式，以便不断扩展自己的思维空间，从不同角度思考同一个问题，是一种举一反三的能力。凡是具有创造力的人. 在思考问题时总能触类旁通，因而也会产生许多超常的构想，提出不同凡响的新观念。

吉尔福特把变通力作为创造力的一个重要测量标准，曾提出一种“非常用途测验”来测量参与者的变通力。他要求参与者在固定时间内指出“砖头”的不同用途。一般的参与者会说出盖房子、垒围墙、修炉灶等功能，稍有创造力的参与者回答当板凳、打狗、磨镰刀、写字等，更富有创造力的参与者则会说出压纸、支书架、钉钉子等具有变通性的答案。这就是变通力的一种具体体现。

第四，提升自己的精进力。精进力是指在原有基础上加入一些新元素，以便丰富内容或增添趣味性，是一种心思缜密、凡事考虑周全的能力，以达到精益求精的目的。很多创新的想法和行为在刚出现时往往都是不合常规的，所以有创造力的人还必须具备一种坚守精神，能够不断尝试和完善，以便获得更多人的认同。精进力强的人通常具备这种遇到困难锲而不舍的精神。

第五，提升自己的想象力。前面提过，想象是利用人类记忆中已有的各种各样的表象，去加工、改造、充实和创造新的形象。也就是说，想象力是我们在感知的基础上改造旧形象、创造新形象的思维能力。

想要提升想象力，其中的关键点是训练自己的发散性思维。比如在日常生活中，可以有意识地让自己去寻找事物之间的不同，探求多种答案等。其次，可以训练自己将现实中从未结合在一起的形象、属性、特性等在大脑中结合起来，以形成一些新的形象。

创新的三种心理品质

如果说创造力是创造性活动的投入、原料，创新则是产出和成果。1912 年，美籍奥地利政治经济学家约瑟夫·熊彼特（Joseph Schumpeter）在其德文著作《经济发展理论》中，首次提出了创新（innovation）的概念。熊彼特认为，创新是把生产要素和生产条件的新组合引入生产体系，即“建立一种新的生产函数”，其目的是为了获取潜在的利润。熊彼特的理论一开始并没有引起足够的重视，直到 1934 年其作品用英文出版后，才引起了广泛关注。

我们曾经用近十年的时间做过一项研究，去追踪什么样的心理品质能让人做出伟大的创新业绩。结果发现，既不是大家常说的智商、情商，也不是学历或所学的专业，而是三个重要的心理品质，即审美感（aesthetic）、创造力 / 想象力（creative）及同理心（empathic）。

随着人工智能的快速发展，在不久的未来，越来越多的职业将被人工智能所取代。人工智能在很多方面尤其是智力方面将远超人类，人类需要 10 年才能学完的知识，人工智能可能在几小时内就可以全部学完。这意味着，年轻人只有具备人工智能无法取代的能力，才可以在社会上获得更好的发展机会。

那么，有哪些能力是人工智能无法取代的呢？诺贝尔生理学或医学奖获得者大卫·休伯尔（David Hubel）和托斯坦·维厄瑟尔（Torsten Wiesel）的研究表明，人类对一般技能的掌握依靠的是低级脑细胞的活动。低级脑细胞主要负责具体信息的加工。而高级脑细胞负责审美、共情、共鸣等功能。高级脑细胞的活动越多，人类的智慧程度就越高，情感就越积极，成就也就越大。它们是人工智能机器永远不具备的。

审美感

想要更好地参与世界、发挥自己的创造力，我们必须先建立起对这个世界的认知。而这个认知能力最初来自哪里呢？正是我们的审美。审美是一种相对内敛的意识偏好，创造力则是一种十分外显的行为偏好。换句话说，我们只有先意识到这个世界的丰富内涵及美好后，才有可能充分培养并发挥好创造力。

人工智能可以模仿人类的创作，但是人类的惊鸿一瞥、眉目之间的情愫这些细微之处，机器是做不到的。当我们能够看到别人看不到的东西，能够领悟别人领悟不到的东西，能够欣赏自然、社会和人的真、善、美，才会让自己产生源源不断的创意和积极的心理体验。

北京大学第一任校长严复先生、后任蔡元培先生都曾学过心理学，他们特别提倡美育的重要性。著名画家、美术教育家吴冠中先生也曾说过，“今天的中国文盲不多了，但美盲很多”。由此可以看出，美育对现代年轻人的成长何等重要。

美育为什么这么重要？是因为具有审美之心的人，往往会对事物具有强烈的好奇心，从而发现和挖掘出自身更多的潜质与兴趣，同时会更有慧眼禅心，更能与他人产生心灵的沟通，也更容易战胜封建迷信的一些影响。那些能够创造美的事物、美的感受的人，才是当今乃至未来需要的人才。

创造力 / 想象力

想象力、创造力对创新的重要性毋庸置疑。爱因斯坦曾说，“想象力比知识更重要，知识是有限的，而想象力概括着世界的一切”，人类正是通过自己的想象力和创造力来进一步丰满世界。

同理心

什么是同理心呢？是指在能够区分自己和他人的情况下，感受他人的情绪，理解他人的想法，站在他人的角度替对方着想的能力。有些人将同理心理解为共情，其实二者是有区别的。共情是指两个人情感、情绪上的共鸣，也就是所谓感同身受。同理心是对对方心理状态的理解，这其中不仅包括对方的情绪，还包括对方的思想、欲望和行动倾向，有时甚至包括对对方的担心、期望，希望其更加快乐等。简单讲，同理心就是将心比心，设身处地地对他人的情绪和情感产生认知性的觉知与理解。

前面提到过，两岁半的孩子会在妈妈东张西望时，问妈妈是否在找鞋。别看这句话很简单，反映的却是其他生物、任何人工智能机器都不具有的同理心。懂得别人的话、知道别人的意、了解别人的情，是我们人类独有的同理能力。同样，一个企业要想保持旺盛的创新精神、商业创造能力，其中的重要因素就是具有这种能力。

微软公司 CEO 萨提亚 · 纳德拉（Satya Nadella）在 2014 年接手微软时，公司市值已经跌至第三梯队，而当今的微软却又成为全世界最值钱的公司之一。为什么在短短几年间，发生这么大的变化？在纳德拉的《刷新：重新发现商业与未来》（*Hit Refresh*）一书中提到，长期以来，微软培养的是一种偏执、竞争和斗争的文化，使得人心涣散、毫无创意、因循守旧。如何改变这种状况？就是重塑微软的文化，教导公司的高管和员工一定要有同理心。

为什么企业发展与同理心有如此紧密的联系？这是因为真正的领导力是激励、影响和感召人心。如果想做到这几点，就要了解人心是什么，充分了解他人的感觉、欲望、需求和想法，而不能任性、教条和以自我为中心。微软在短短几年间，从一家软硬件公司成为一家网络的云平台服务公司，其成功的秘密，正是运用同理心重塑文化。

同样，只有对客户保持同理心，关注并懂得他们的需求，才能让企业持续盈利，这是市场经济的逻辑规则。

审美、创造力/想象力和同理心，这三种能力的英语首字母是A、C、E，正好组成一个英文单词，即“王者”（ace）。也就是说，真正的创新需要的是王者之力！中国未来优秀的人才，一定是那些拥有一流审美能力、始终在创造并保有同理心的创新型人才。

在快乐中创新

创新创业为什么需要积极心理学？这有两方面的原因：第一，大量研究表明，创新创业的失败和心态有关系；第二，创新创业的成功需要积极心态。

在美国硅谷，有一家专门做创新创业的咨询公司CB Insights，该公司对硅谷101家创新创业公司失败的原因进行了调查。他们发现这些创新创业公司失败的一个很重要的原因就是创业者的心态。导致创业者失败的心态因素有两个：第一，缺乏激情。创业需要激情、冲动、理想和追求。如果没有这样的激情，创业很难成功。第二，心力衰竭。这个专有名词是我的同事马斯拉奇（Maslach）教授提出的。他发现很多聪明的人最终一事无成，不是因为他们不聪明或不努力，而是因为太聪明、太努力，导致心力衰竭（burn out）现象。它的典型症状是心累、不想动、不想说话、不想见人、不想走出家门。

正是因为这些消极心态会阻碍创业，积极心态才成为创业成功的重要因素。它不能保证我们不失败，但可以让我们更成功。大量研究证明，创新需要积极心态。弗雷德里克森曾经发现一个很有趣的现象，当人在心情愉悦、放松的时候，拥有创意思维、积极行动的倾向和能力；反之，在焦虑、愤怒、担忧的时候，思维容易狭隘。我们不妨回忆一下自己在何时会觉得力量无穷，一定是特别开心、心情愉悦的时候。

2006年，美国哥伦比亚大学教授埃德蒙·菲尔普斯（Edmund S. Phelps）成为诺贝尔经济学奖得主。作为经济学家，菲尔普斯的重大贡献在于发展了熊彼特的创新理论。熊彼特认为创新是科学家和航海家的专利，菲尔普斯则提出大众自下而上创新的概念。他进行了一系列研究，证明人、单位、机构、社会只有处于生机勃勃、专注投入的状态中，才能进行创新和促进经济发展。

事实证明，如果我们进入一个企业，看到员工是朝气蓬勃、意气风发、面带微笑、积极向上和全神贯注的，这样的企业大概率会成功；相反，如果我们进入一个企业，看到员工各个愁眉苦脸、怨声载道、心神涣散，这样的企业通常不会取得伟大的成就。

契克森米哈赖曾做过一项研究，追踪人类最具有创新能力的人，也就是那些曾经获得诺贝尔科学奖的人。最终发现，和一般人相比，这些能够取得非凡成就的人都特别积极、阳光和主动。他们在取得伟大成就之前，都曾有过一段令自己特别愉悦的经历。比如 DNA 双螺旋模型的发现过程就非常有趣：一群年轻的科学家在一起聊天，相聊甚欢之际，他们突然想通了许多科学家 30 多年未曾想通的一个问题，这就是螺旋模型其实是可以旋转的。

中国著名数学家张益唐解决了人类 100 多年不曾解决的黎曼猜想问题。他的这一突破过程也是因为一次有趣的经历。有一次，他在美国科罗拉多州参加朋友的聚会，在狂欢一晚之后，他走在宁静的夜空下，此刻月光洒满大地。因为科罗拉多州的海拔很高，天空似乎离人特别近，星星格外清晰。正是在仰望漫天繁星的那一刻，他灵光闪动，思考出数学家想了几百年没想清楚的黎曼数学猜想。张益唐的这一经历，同样说明当人处于积极、愉悦、朝气蓬勃、浮想联翩的状态中时，更容易做出与众不同的、突破性的创新。

积极心态有助于创新，我们该如何培养它呢？很重要的方式是前面提到的五施，即颜施、身施、言施、眼施、心施，在第十八章中有详细介绍。

成功者的未来导向精神

马丁·塞利格曼曾和四位学者合作，进行一项长约 20 多年的追踪研究。研究发现一种有趣的现象：创新创业的成功，需要一种未来导向的精神。他们发现人类是唯一会做梦的生物，人类大脑前额叶有一套神经系统，即便在我们什么都不做、什么都不想的情况下，这套神经系统也会消耗将近 20% 的养分，让我们憧憬未来、计划未来和描述未来。这正是我们人类和其他生物的重大不同。

我的研究也发现，健康的、年轻的、聪明的和成功的人往往更愿意谈论未来，那些常常憧憬未来、计划未来的人更容易取得创新创业的成功。

第二十二章
让你的人生更有意义

那些为大多数人带来幸福的人是最幸福的人。

——马克思

积极心理教练

应用才是积极心理学的真正目标。它体现在积极心理教练、积极心理治疗等个体支持方面。积极心理教练是一种有科学依据的方法，是帮助他人提升自我觉察，强化并运用优势，提升个人表现，实现有价值的目标的有效工具。

积极心理学与教练天然相契合。一方面，积极心理学与教练都认为人在本质上是健康的、资源丰富的、有成长动机的；另一方面，人们需要教练，是源于想要提升整体幸福感的美好愿望。积极心理学为教练帮助他人提升幸福感提供了重要的实证依据。懂得运用积极心理方式的教练，会更多地关注他人的优势、积极心态、感恩和创造力等，从而帮助对方提升整体幸福感。

110 米栏运动员刘翔人尽皆知，他的教练孙海平却几乎无人知晓。能给“飞人”做教练的人，势必非常厉害，但其实孙教练的运动天赋并没有刘翔高。为什么他会成为刘翔的教练？一个重要原因是他懂得更多技术和理论，并且可以从更开阔的角度给刘翔建议。由此可见，教练并不一定有更强的能力，而是能够给对方一些有价值的反馈、建议以及心理支持。

不仅在体育、健康这些领域，其他领域也有教练的用武之地。比如人生教练，可以帮助他人找到并实现人生的目标；高管教练，可以帮助企业中的高管提升领导力以及更好地分析企业目标；关系教练，可以指导他人提升人际关系，或是谈一场好的恋爱。

值得注意的是，这些教练并不是心理咨询师或治疗师。他们的工作是基于成长取向，所服务的对象并没有严重的问题需要解决，只是想让自己变得更好、走得更远。以身体为例，健身教练可以帮助我们通过运用适当的锻炼方法来让自己变得更健康、美丽；医生则相反，是问题取向，针对身体的问题来对症下药。

罗伯特·比斯瓦斯－迪纳（Robert Biswas-Diener）在积极心理教练这一领域最突出。他曾经被彼得森称为“积极心理学的印第安纳·琼斯”。印第安纳·琼斯是美国电影中的一个英雄，同时是探险者、研究者，曾在世界各地有过冒险经历。罗伯特曾经到非洲采访当地的土著，进行积极心理学的研究。在遭到拒绝后，他另辟蹊径，按照当地的习俗在自己身上烫疤，最终顺利地完成研究。

2010 年，他出版了《积极心理教练》一书，书中提到积极心理教练的重要步骤是正面诊断。他认为，我们以往对他人的诊断是负面的，以问题为导向，但其实还有一种正面诊断，专门看对方有哪些正面资源。他把这些资源分为五种：能力、幸福、希望、情境和使命。

积极心理治疗

如何运用积极心理学的理念及方法来进行心理治疗，是近些年的重要研究方向。传统的心理治疗方法强调的是来访者的问题，以及如何减少负面心理，而马丁·塞利格曼认为，治疗师可以通过提升来访者的正面心理来减少负面心理的影响。他和自己的学生拉希德（Tayyab Rashid）一起发展了“积极心理治疗”，它包含14个帮助来访者提升“积极资源”的策略，从而改善抑郁等心理问题。

为了对比积极心理疗法和传统心理疗法的不同，马丁·塞利格曼和拉希德在2006年进行了一项实验。实验分为三组：积极心理疗法组、传统心理疗法组和药物组。结果显示，接受积极心理疗法帮助的来访者，在抑郁指数等方面都有所改善，比接受其他两种方式帮助的来访者有明显好转。拉希德博士后来又将该疗法扩充为15个策略。

除了积极心理疗法外，积极心理学家还研发了其他心理疗法。比如以积极的视角探索并实现目标为核心的希望疗法（hope therapy），以及用积极的信念促进最优功能的幸福疗法（wellbeing therapy）。

希望疗法是由积极心理学家斯耐德（Snyder）等人提出的“希望

理论”发展而来的心理干预策略。该方法认为希望是一种目标导向的积极思维策略，包括目标思维、动力思维与路径思维三部分。治疗的过程通常包括两个阶段：第一，灌输希望。请来访者理解希望的内涵，以积极的视角回顾自己的经历，关注所获得的成就，并形成目标的概念，探索和明晰自己所追求的目标；第二，提升希望。请来访者寻找通向目标的方法和路径，尤其是面临挑战时克服困难的方法。

幸福疗法是在著名的“Ryff 心理幸福感多维度模型”基础上建立的心理干预策略。该疗法大体分为三个阶段：初期帮助来访者体验到最佳幸福感的情境；中期鼓励来访者识别导致幸福感中断的想法和信念；末期讨论和修正影响来访者幸福感维度的想法和信念。幸福疗法作为中后期的一种治疗技术更为有效，不仅可以用于个体治疗，也可以用于团体辅导。

虽然心理学有众多有效的心理疗法给人以帮助，但我认为人是有一定自我疗愈能力的，这同样是一种进化而来的积极选择。中国大学生患抑郁症的比例高达 24%，但由此也说明一件令人欣慰的事，就是很多年轻人的抑郁症是自我痊愈的，他们可以靠自我奋斗走出阴影。一项研究表明，很多抑郁症患者有“三个月自我痊愈”的情况。

优势教养和自主教养

除了对个人的支持，积极心理学如何在家庭中发挥作用，帮助我们培养出更优秀的孩子呢?

优势教养是澳大利亚墨尔本大学的沃特斯（Lea Waters）教授提出的一种方法。她在自己的《优势开关》一书中提到，在养育孩子时，我们要打开自己意识中的优势开关,不应该一味地要求孩子修补缺点，而是要认识到发挥优势比修补缺点更加重要。优势包括品格、能力、兴趣、天赋等。

具体的做法是什么呢? 第一，寻找孩子的优势。观察孩子在做事时所表现出来的能力，看他们在自主状态下如何进行选择。第二，培养孩子的优势。使用成长型思维，相信孩子可以通过自己的努力变得更好。而且父母要以身作则，时常关注自己的优势。

父母在应用中有两点注意事项：第一，提供有效的支持。比如在培养孩子的创造力时，父母不应仅停留在口头鼓励，而是要一点点地进行引导，落实在行动中。第二，不断提高难度。父母为孩子提供的成长“脚手架”只是一个临时平台，需要不断调整，帮助孩子分阶段地专注于某个具体且明确的目标，并且全神贯注地努力。父母还要及时地给孩子反馈，帮助他们反复练习，最终获得提升。

自主教养是积极心理学在家庭教养尤其是中国家庭教养中的另一种应用。经研究发现，有的中国父母不太关注对孩子自主感的培养，反而会利用一些方式妨碍他们在这方面的发展。这些方式有六种主要表现：否认感受、压制思考、内疚激发、焦虑激发、有条件的爱和动机分析。我们把它们比喻为“心理武器”，当父母需要对孩子进行心理控制时会使用这些武器，以便让他们乖乖就范。比如有的中国父母经常使用的一种心理控制方法是对孩子说“我都是为你好”。

父母如此对待自己的孩子，一方面是因为他们不了解自己的行为对孩子造成的伤害。另一方面是因为太心急焦虑，迫切地渴望孩子往自己预设的方向成长。美国心理学家高普尼克（Alison Gopnik）教授曾做过一个木匠和园丁的比喻。她认为，如果父母像木匠一样对待孩子，即孩子不能有一点点错误，成长的细节都由父母来决定，孩子必定会为此付出巨大的代价。父母只有像园丁一样，允许孩子按照自己的规律成长，帮助他们成为可能不像想象中那么完美却能以本来面目示人的人，孩子才会拥有美好的人生。

从积极心理学视角培养孩子的关键是，父母要知道什么才是对孩子最重要的。父母要帮助孩子看清他们心灵的“内核”、他们认为自己是谁以及自己应该怎样度过这一生，这才是真正的内在成长动力。在动力问题得到解决后，外在的成就和收获只是时间早晚而已。

工作重塑和欣赏式探询

积极心理学在组织中的应用，主要是工作重塑（job crafting）和欣赏式探询（appreciative inquiry）。工作重塑是指员工通过自己对工作进行重新构建进而获得工作认同以及工作角色的过程，其核心目的是员工对其工作进行再设计以获得较高的工作意义感、工作投入度以及工作满意度等。

下面的故事可以帮助我们理解它：工人们在工地上砌墙。有的工人仅仅把当前的工作看成是砌墙，把自己当成一个碌碌无为的打工者；有的工人则把这份工作看成是“我在造一座漂亮的房子”，他看到了更大的图景，内心具有使命感，并享受着这份工作带来的快乐。

研究表明，如果一个人仅把工作看成是不得不完成的任务，工作满意度和人生满意度都会比较低。如果看成是职业，则会高许多。最好的方式是将其看成是人生的使命，不但能够把工作做得更好，人生还会更蓬勃。怎样才能让工作不仅是打工赚钱的工具，而且还是人生使命呢？积极心理学认为,关键是从自己的工作中找到积极的意义。

比如我们曾在医院里看到，有些清洁工在那些身体不便的患者出院时，会主动帮他们从病房挪到停车场。这个行为是违反医院规定的，假如被上级发现，可能会被处罚，但他们依然愿意去做。为什么呢？某位清洁工的话给出了解释：“这不是我工作的一部分，这是我的一部分。”也就是说，清洁工认为自己是善良、乐于助人的，当看到患者需要帮助时，会自发地帮忙，而不是工作要求。清洁工的工作职责虽然是把环境打扫干净，但他们拓展了工作的外延，并不是像机器人一样，仅仅做好上级指派的工作。不把工作仅仅当工作，而是自己人生的一部分，这一过程正是典型的工作重塑。

工作重塑有三个要点，分别是改变任务、改变自己和别人的关系，以及改变自己对工作的看法。首先是改变任务，它包括任务的数量、类型、性质、边界等。它可以使任务更加符合自己的兴趣，更能够发挥自己的优势以及实现目标。其次是改变自己和别人的关系。不仅是让自己和别人形成良好的关系，更重要的是考虑如何才能在自己和别人的关系中发挥优势，使双方的关系更加符合自己的兴趣和需要。最后是改变自己对工作的看法。工作并不是各种烦琐的、相互孤立的任务的堆砌，而是彼此之间相互关联。我们要从积极的角度，看到与工作相关的图景、目标和深远的意义。

假如一位行政助理有许多工作，每天焦头烂额，她该怎样重塑工作呢？首先是把所有的工作列出来，按耗时耗力的程度进行分类，然后把工作按照动机、优势、兴趣进行重新组合。其中的关键因素是角色，即“我是谁”。她要意识到自己面对的不仅是一堆工作的集合，而是自己作为一个角色，把所有的工作连接在一起。她要看清角色，并用角色来全新定义自己的工作。行政助理的角色通常有两个，第一是连接者，第二是支持者。作为连接者，她需要把各种人和事连接到一起，其动机是建立有意义的人际关系，优势是人际交往能力；作为支持者，她需要让自己成为值得他人信赖的依靠。动机是帮助别人，优势是注重细节、值得信赖。近些年的研究发现，工作重塑的确可以提升员工的工作满意度和幸福感。

积极心理学在组织中的第二种重要应用是欣赏式探询。该方法由凯斯西储大学的戴维（David）教授提出，是指我们关注一个事物时，应当看到其好的一面，发挥优势并增加其正面的变化。戴维教授提出了“4D 模型”。第一是发现（discovery），是指要发现我们及别人过去、现在的成功因素，让所有人都来分享。第二是梦想（dream），是指关注我们到底要什么。第三是设计（design），是指设计出抵达梦想的道路，列出所需的组织结构、流程等，以便充分地发挥优势。第四是命运（destiny），是指不仅要实施前面提到的步骤，还要进一步强化整个系统的欣赏式文化，帮助成员持续获得提高，最终把组织的愿景变成必能实现的命运。

比起传统的问题解决方式，欣赏式探询强调关注未来而非探查过去，更加重视对问题解决方案的建构，以及从积极正向的视角，看到自己才是真正的问题解决专家。

新时期中国社会学奠基人费孝通先生曾讲过一段很精彩的话："各美其美，美人之美，美美与共，天下大同。"这是在告诉我们，如果人人都能发现自己的优势和特色，将其充分呈现出来，并能够对他人表达欣赏，帮助他人把优势展现出来，我们就能真正做到天下大同、美美与共。这正是积极心理学带给每个人的无限美好前景！